TRAITÉ

DE

TAXIDERMIE.

IMPRIMERIE DE THUAU, CLOÎTRE SAINT-BENOÎT, N° 4.

TRAITÉ
DE TAXIDERMIE,

OU

L'ART
DE CONSERVER ET D'EMPAILLER LES ANIMAUX,

Par M. DUPONT aîné,

NATURALISTE, PRÉPARATEUR, POUR LA FACULTÉ DE MÉDECINE DE PARIS, DES PIÈCES D'ANATOMIE MODELÉES EN CIRE, MEMBRE DE PLUSIEURS SOCIÉTÉS SAVANTES, etc.

SECONDE ÉDITION REVUE.

PARIS.
MANSUT FILS, ÉDITEUR,
RUE DE L'ÉCOLE DE MÉDECINE, N° 4.

1827.

INTRODUCTION.

D'ordinaire il n'y a que les personnes passionnées pour les admirables productions de la nature, qui désirent apprendre l'art que j'enseigne; et ce sont ces personnes surtout que j'avais en vue, lorsque je composai ce traité, dont j'offre au public une seconde édition. Aussi déclarai-je dans la préface de la première qui parut en 1823, que je croyais superflu d'insister sur l'importance de l'histoire naturelle ; je m'adressais à des lecteurs qui n'en étaient pas moins convaincus que moi-même.

Je rappelais seulement que l'agriculture, cette science nourricière du genre humain, la botanique. la médecine, la physique, sont les tributaires de l'histoire naturelle ; que les arts, l'industrie, le commerce, ces sources fécondes de la prospérité des nations, lui doivent une grande partie des avantages dont ils jouissent ; enfin que nous lui sommes redevables de toutes les productions qui enrichissent notre sol et qui en font l'agrément.

Ces vérités sont si familières aux gens instruits, pour ne pas dire si triviales, qu'il paraîtrait étrange que je m'arrêtasse ici à les démontrer. Ils en sont intimement persuadés ces intrépides et nombreux voyageurs qui, désespérant de rien découvrir de nouveau dans notre vieille Europe, franchissent les mers pour explorer la nature sous les climats les plus ignorés. Conquérans pacifiques, dont les trophées chers à la science et à jamais utiles au genre humain, ne coûtent qu'à eux-mêmes, ils parcourent en tous sens l'Afrique, les Grandes Indes, l'Amérique, et principalement ses provinces méridionales, où ils pénètrent à la suite de l'indépendance. Tant il est vrai que la liberté favorise les progrès des connaissances utiles!....

Cependant une foule d'amateurs, moins hardis que curieux, desirant se composer de riches collections, attendent avec impatience et recueillent avec enthousiasme le fruit de ces lointaines explorations. Ce sont eux à leur tour qui, après avoir comparé les objets e⁺ es observations faites sur les lieux mêmes où on les a récoltés, coordonnent tout et reculent par leurs savantes veilles les limites de la science. C'est de cette manière que s'acquit une gloire immortelle Buffon, qui, suivant l'expression figurée du poëte Delille,

Par des ambassadeurs courtisait la nature.

Les plus célèbres naturalistes de nos jours ont suivi cet exemple. En décrivant, en classant les découvertes d'autrui, ils ont jeté les fondemens de leur brillante réputation, devant laquelle celles de la plupart des voyageurs tombent dans l'oubli.

A l'admiration qu'excite dans nos cœurs les beautés que la Providence a mises dans les moindres sujets sortis de sa main créatrice viennent se joindre deux sentimens, celui de connaître et celui de posséder. C'est alors que l'on sent le besoin d'un procédé qui, conservant à la nature morte ses formes gracieuses et primitives, puisse rendre aux objets les apparences de la vie et les caractères extérieurs sur lesquels les naturalistes ont fondé leurs classifications; de là la *taxidermie*, ou l'art de conserver et d'empailler les animaux.

Cet art, cultivé avec succès en Europe, n'est pratiqué partout ailleurs que d'une manière imparfaite; il est tout-à-fait ignoré dans les États barbaresques. Lors du séjour que je fis à Tripoli (1) pendant les années 1818 et 1819, j'offris au pacha un groupe devant lequel il resta long-temps en contemplation; il ne pouvait croire que les animaux dont je l'avais composé eussent cessé de vivre. Il fut sur le point de me demander par quel moyen magique j'avais réussi à les rendre immobiles. Une explication, tout en dissipant son erreur, redoubla son étonnement. Il fit placer le groupe dans son appartement particulier, et depuis il m'a souvent témoigné le prix qu'il y attachait.

(1) J'ai pensé que la relation de mon voyage en Barbarie intéresserait les naturalistes, et toutes les personnes curieuses de connaître l'état actuel de cette contrée de l'Afrique; je la livrerai donc au public incessamment. Il y a déjà long-temps que je m'occupe de coordonner les notes nombreuses que j'avais prises sur les lieux.

TAXIDERMIE.

PREMIÈRE PARTIE.

De la Chasse en général.

Lorsque le naturaliste va à la chassse, il est deux points essentiels qu'il lui importe de ne pas perdre de vue : c'est d'une part d'étudier les mœurs, les habitudes et surtout l'attitude des animaux, et de l'autre de les recueillir de la manière la plus avantageuse pour les classer dans sa collection. Ceux qui ont vécu en captivité ne doivent y être admis qu'autant qu'il est impossible de s'en procurer de libres.

Cette précaution est surtout indispensable dans le choix des oiseaux. Un des moindres défauts d'une collection qui serait composée seulement d'individus qui seraient tirés des volières des oiseleurs, serait d'offrir un aspect terne et fané, au lieu de cet air de fraîcheur et de ces couleurs animées qui distinguent les oiseaux vivant en liberté. Je dis que ce serait là un des moindres défauts d'une telle collection ; car n'y aurait-il pas à craindre que l'ignorance du marchand, ou que sa mauvaise foi, ne substituât un sexe à l'autre, ou bien même qu'il ne donnât comme d'espèces semblables les individus les plus hétérogènes ? Alors on ne posséderait qu'un ridicule amas de peaux bourrées, sans utilité pour la science comme sans agrément pour le coup-d'œil.

L'assurance de posséder des animaux tels que la nature veut qu'ils soient dans leur état sauvage, compense bien sans doute quelques fatigues que leur but doit faire regarder comme des plaisirs.

Chasse aux mammifères.

C'est au veneur plutôt qu'au naturaliste qu'il appartient de donner des préceptes sur la chasse aux mammifères. Elle a été l'objet d'une foule d'ouvrages parmi lesquels il faut savoir faire un choix; car le plus grand nombre en a été composé par des écrivains qui, je gage, n'avaient jamais pratiqué l'art qu'ils se sont ingérés d'enseigner aux autres. Nous aurions beaucoup à dire sur ce point; mais, comme il ne s'agit ici que de Taxidermie, je dois supposer l'animal déjà en possession du naturaliste, peu importe comment il a été tué.

Si l'individu est d'une grosseur considérable,

comme le sanglier, le loup, le cerf, le daim, le renard, le chevreuil, etc., la seule indication à remplir au moment de la capture est d'éviter soigneusement de froisser le poil.

Lorsqu'au contraire l'animal est de petite taille, ou que son pelage est mou et luisant, comme le lièvre, le lapin, ou bien lorsque sa couleur est tendre, comme la belette, l'hermine, il faut absorber le sang des blessures avec un peu de plâtre et d'étoupes. On doit en mettre aussi dans la gueule, dans les narines et dans les oreilles, afin d'empêcher la sortie soit du sang qui a pu s'épancher intérieurement, soit des matières contenues dans l'estomac et dans l'œsophage. Il convient de tamponner aussi l'anus avec une forte bourre d'étoupes, pour prévenir l'épanchement des excrémens. En plaçant ensuite l'animal dans la carnassière ou partout ailleurs, on aura soin de lui donner la position la plus favorable pour que le poil ne se gâte pas.

Telles sont les réflexions que je juge nécessaires et suffisantes en même temps sur la chasse aux mammifères; je vais m'occuper maintenant de la chasse aux oiseaux, qui exige plus de détails.

Chasse aux oiseaux.

De quelque manière qu'on fasse cette chasse, soit au fusil, à la sarbacanne, au filet ou avec tout autre instrument, il ne faut pas oublier de porter avec soi une petite provision de papier, de coton, de filasse hachée, de plâtre pulvérisé, ainsi qu'une petite pince appelée *bruxelles* (*voy*. la fig. n° 1 de la planche 1re). On renferme le tout dans une des poches de la carnassière dont l'usage doit être préféré à celui de tout autre objet; car c'est à tort que quelques personnes s'imaginent qu'une boite de fer blanc, telle que les boites d'herborisation, est le meilleur moyen de garantir les oiseaux de l'action de la chaleur. Des expériences répétées à ce sujet ont démontré que de pareilles boites hâteraient la décomposition de l'animal, au lieu dela retarder.

Quand on vient de tuer un oiseau, on commence par jeter abondamment du plâtre sur ses blessures, afin d'en absorber le sang. Si elles sont trop larges et trop profondes pour que le plâtre suffise, après avoir écarté les plumes de côté et d'autre, on y introduit un peu de coton ou d'étoupes et on saupoudre le tout.

Il faut ouvrir ensuite le bec de l'oiseau, pour y verser aussi une quantité suffisante de plâtre, puis on le tamponne avec une forte bourre de coton que l'on met par-dessus. Les narrines doivent être bouchées également, mais en prenant garde d'en altérer la forme, car dans certains oiseaux elles ont un caractère particulier.

Ces précautions ont pour but d'empêcher les oiseaux de dégorger; des-lors on sent qu'elles sont surtout indispensables pour ceux de proie, et pour la plupart de oiseaux pêcheurs qui plus que tous autres sont sujets à cet inconvénient.

Alors saisissant l'oiseau par le bec, on souffle fortement de haut en bas dans la direction des plumes de la tête et du cou, afin de les ramener dans leur position naturelle, si elles sont dérangées. On fait ensuite avec du papier un cornet d'une capacité proportionnée au volume de l'oiseau : on prend celui-ci par les pattes et par la queue, puis on l'introduit, la tête la première, dans le cornet qu'on ferme en évitant de froisser les plumes de la queue et celles des aîles.

Si l'oiseau est d'une grosseur trop considérable pour pouvoir être renfermé dans un cornet, on lui enveloppe la tête et le cou dans du papier, et après en avoir entouré le corps, on le place dans la carnassière; mais, dans ce cas, il ne faut pas oublier que les cornets qui contiennent des oiseaux de petite espèce doivent être mis dans un coin particulier, pour que le poids des gros individus ne les écrase pas.

L'oiseau pris à un piége quelconque doit être étouffé sur le champ. Il suffit pour cela de le saisir sous les aîles avec le pouce et l'index, et d'exercer une forte pression sur les parties latérales de la poitrine. Au bout de quelques instans il a cessé de vivre.

Quelquefois c'est peu d'avoir recueilli convenablement une certaine quantité d'oiseaux, si on ne sait pas les préserver de la putréfaction jusqu'à ce qu'on ait eu le temps de les empailler tous. Alors une partie de la peine qu'on s'est donnée devient inutile. Voici donc un procédé conservateur que la nécessité me fit imaginer en Afrique et qui m'a complètement réussi : j'avais un grand nombre d'oiseaux précieux que je désespérais de pouvoir préparer tous au milieu des chaleurs excessives de ce climat brûlant. Je ramassai sur le bord de la mer du petit sable que je laissai avec son salin. Après l'avoir fait sécher au soleil, j'en mis une couche d'à peu près quatre pouces au fond d'une boite et je déposai mes oiseaux dessus à une distance d'au moins cinq pouces les uns des autres ; je les recouvris ensuite d'une couche de sable de la même épaisseur que la première et je fis ainsi plusieurs lits d'oiseaux. Par là je pus les utiliser encore plus de huit jours après qu'ils avaient cessé d'exister.

Il faut avoir soin, chaque fois que l'on touche à la boite, de ne découvrir que le seul oiseau qu'on veut préparer ; autrement le contact de l'air gâterait de suite ceux que le sable ne cacherait plus.

En Europe j'ai obtenu le même avantage en substituant du charbon pilé au sel marin ; seulement il est nécessaire d'envelopper les oiseaux d'un cornet de papier, ce que la propreté du sable dispense de faire.

Chasse aux reptiles.

C'est dans les pays chauds principalement que le naturaliste trouvera le plus grand nombre de reptiles, et surtout la redoutable famille des serpens. Qu'il se garde de s'abandonner aveuglément à son zèle pour la science, et de négliger les précautions que la prudence lui prescrit; une mort inévitable lui ferait expier d'une manière affreuse la moindre imprudence (1).

Comme les moyens de se préserver de la morsure des serpens ont été décrits avec toute l'étendue désirable dans les ouvrages généraux sur l'histoire naturelle, je ne les retracerai point ici. Je me bornerai à indiquer succinctement les procédés qui m'ont paru les plus sûrs pour se procurer toutes les espèces de reptiles, sans courir aucun risque.

(1) Il ne faut point perdre de vue le sort de l'infortuné Drake, qui, le 8 février 1827, a été mordu, dans le Bureau des diligences à Rouen, par un des serpens à sonnettes qu'il rapportait d'Angleterre, et a expiré au bout de douze heures dans les plus horribles convulsions, malgré tous les secours de l'art.

Quoiqu'on rencontre les serpens dans toutes sortes de terrains, cependant les rochers, les endroits pierreux et les ruines semblent être les repaires de prédilection du plus grand nombre de ces animaux. Ils sont rares sur les montagnes; et même, lorsqu'on parvient à une certaine hauteur, on n'en trouve plus.

Les contrées basses et humides, au contraire, les terrains fangeux de quelques provinces de l'Amérique et de l'Afrique abondent en espèces dont la morsure est la plus venimeuse. N'est-ce pas au milieu des miasmes délétères qu'exhalent sans cesse les lieux infects, que le monstrueux boa, que le serpent à sonnettes et tant d'autres espèces plus petites, mais non moins dangereuses, préparent le virus mortel contre lequel ne peuvent rien la force ni le courage.

Il n'existe point malheureusement de signes certains qui fassent distinguer les individus dangereux d'avec ceux qui ne le sont pas. En vain, dira-t-on que la largeur de la tête, l'étranglement du cou et les couleurs sinistres des écailles sont les indices auxquels on peut reconnaître un serpent venimeux; l'observation a prouvé que ces caractères sont sujets à tant d'exceptions, qu'on ne peut en tirer que des conséquences hasardées. Mais, ce qui est plus certain, c'est que par un effet de la sage prévoyance de la nature, tous les reptiles dont le venin est le plus actif, ainsi que les plus forts, sont privés de l'agilité et de la souplesse qui se rencontrent dans les moins redoutables.

Les autres familles de reptiles se trouvent partout : les broussailles, les écorces desséchées, les crevasses des murs, servent de retraite aux lézards; les basilics, les caméléons, vivent sur les branches des arbres; le dragon tantôt rampe sur la terre, et tantôt s'élance d'arbre en arbre à l'aide des membranes qui lui servent d'ailes; les marais, les étangs, sont le séjour des grenouilles, des salamandres, des tritons; les fleuves profonds cachent les crocodilles, les caïmans; les mers sont peuplées de tortues dites *franches*, tuilées, et sans doute de beaucoup d'autres que recèle la profondeur des abîmes. Chaque espèce, en un mot, habite les lieux qui lui présentent le plus de sûreté contre ses ennemis, et où elle trouve en même temps une nourriture plus abondante et plus conforme à ses habitudes.

Le meilleur instrument pour la chasse aux reptiles, tels que lézards et serpens, est une trouble dont le cercle solide est garni de dents de fer, longues d'un pouce, et distantes les unes des autres d'environ quatre lignes. Ces dents doivent être fortes sans être trop grosses.

La poche de la trouble se compose d'un tissu solide, et cependant assez clair pour qu'on puisse voir facilement l'animal que l'on doit saisir avec des pinces. A cette trouble vient s'adapter un long manche fixé obliquement dans le cercle, de façon que lorsqu'elle couvre le reptile sur un plan horizontal, le manche reste assez élevé pour que l'on puisse se servir de l'instrument avec tout l'avantage possible.

A mesure qu'on se procure un reptile, on le met dans un petit baril rempli d'esprit-de-vin. Au bout de quelques jours, lorsque l'humidité et les déjections qu'il rend ont altéré le liquide conservateur, on le change de vase, et on verse dessus du nouvel esprit-de-vin à dix-huit degrés; si l'alcool marquait davantage, il altérerait les couleurs des animaux soumis à son action. Les reptiles d'une trop grande dimension ne peuvent être mis dans cette liqueur; il faut se contenter de les tuer et de les transporter avec précaution.

Pour éviter le poids et l'embarras d'un vase rempli d'esprit-de-vin, quelques personnes portent seulement avec elles un sac en peau fortement imprégné de tabac. Ce narcotique, engourdissant les reptiles, sans leur donner la mort, ne peut convenir que pour le moment de la chasse; et dès que l'on est de retour, on doit mettre dans l'esprit de vin les reptiles qu'on a recueillis, à moins qu'on ne veuille les monter de suite; nous reviendrons là-dessus à l'article des *Préparations*.

Chasse aux Insectes.

De toutes les chasses, celle qui nécessite le plus d'appareils, à cause des différentes manières de la faire, est sans contredit la chasse aux insectes. Décrivons d'abord les instrumens qu'elle nécessite.

On doit se procurer une boîte de bois mince ou de carton, de la longueur d'un pied à un pied et demi, sur une largeur proportionnée; le fond et le couvercle de cette boîte seront garnis d'une feuille de liége recouverte d'une feuille de papier blanc, qui y sera exactement collée. Aux deux extrémités de la boîte seront fixés deux anneaux, afin que l'on y puisse passer une courroie pour la porter en bandouillère, ce qui est moins gênant lorsqu'on fait des courses un peu longues. On aura aussi le soin de se munir d'une bonne provision d'épingles, de longueur et grosseur différentes.

De plus il faut trois troubles (espèces de filets coniques), longues de dix-huit pouces, attachées à un cercle de fer dont la circonférence est de trois pieds, ce qui fait un pied d'ouverture transversalement. Ces troubles doivent s'adapter, au moyen d'une vis, à une canne de longueur ordinaire.

Celui de ces filets qu'on destine à chasser les insectes qui voltigent dans les airs, sera fait en gaze légère, mais cependant à mailles étroites.

Le second, fait avec de la grosse toile, sera employé à chasser ceux qui vivent dans l'herbe; on s'en sert en le promenant comme une faulx.

Le troisième, à peu près de même toile que le précédent, sera destiné à recueillir les insectes qui habitent au bord de l'eau et dans les endroits bourbeux.

Le cercle de cette dernière trouble peut être aplati vers l'endroit où il doit appuyer; au moyen de cette forme il embrassera plus d'espace.

Veut-on se servir de la trouble de gaze? on la lance avec vitesse à la rencontre de l'insecte qui vole, en faisant en sorte qu'elle se présente à lui dans toute la largeur de son ouverture; dès qu'il y est entré, on tourne rapidement le poignet de manière que l'ouverture de la trouble se trouve fermée par ce mouvement. On saisit l'insecte captif avec une petite pince; et, s'il est armé d'un aiguillon, l'on se sert de cette pince pour lui presser le corselet au-dessous des ailes, afin de le faire périr. Dans le cas contraire, il suffit d'exercer cette pression avec les doigts. On pique ensuite l'insecte au milieu du corselet, et on le fixe sur le liége de la boîte de chasse.

On ne doit pas les piquer tous indistinctement au milieu du corselet. La famille entière des coléoptères, et tous ceux dont les ailes sont dures, doivent être piqués un peu obliquement sur l'élytre droite, de manière que la pointe de l'épingle vienne sortir entre la deuxième paire de pates.

Cependant il est des insectes qu'il serait imprudent de piquer de cette manière à cause de leur grosseur et de leur genre de vie. Les uns sont accoutumés à fouir dans la terre et dans les excrémens des animaux; les autres ne vivent que de matières animales. Les Bouziers, les Géotrupes, les Carabes, etc., se trouvent dans ces deux cas, s'ils venaient à se détacher ils dévoreraient les insectes qui se trouveraient avec eux dans la boîte. On évite facilement cet inconvénient en les piquant provisoirement au-dessous de l'abdomen, de manière que l'épingle sorte dans une direction parallèle à l'élytre droite. On aura par conséquent piqué l'insecte à gauche par-dessous. Dans cette position, on peut le fixer dans la même boîte où on en aura mis d'autres plus petits, sans craindre qu'il ne se détache et qu'il ne les dévore. Il faut observer néanmoins de laisser autour de ces insectes un espace convenable pour qu'en se mouvant ils ne puissent atteindre les autres.

Lorsqu'on est de retour de la chasse, on arrache l'épingle de ceux qui sont piqués par-dessous, et on repasse cette épingle par-dessus dans le même trou.

On peut aussi, en faisant la chasse aux coléoptères, se servir d'un flacon à moitié rempli d'esprit de vin; à mesure qu'on attrape un insecte, on le plonge dans la liqueur, et il y périt promptement. Mais on ne doit employer cette manière que pour ceux qui sont noirs et non veloutés. Si cependant on se trouvait forcé d'y mettre quelques espèces brillantes, il faut avoir le soin de les en retirer dès qu'on sera de retour de la chasse; car un séjour prolongé dans ce liquide, aurait bientôt altéré les couleurs éclatantes de ces insectes. On les pique comme il a été dit plus haut, et on les fixe sur une plaque de liége.

L'emploi de l'esprit de vin présente le double avantage de servir à leur conservation, et de rendre leur transport d'un lieu à un autre beaucoup plus facile. Dans les pays méridionaux, par exemple, on trouve un nombre infini d'espèces d'arachnides qui ne pourraient se conserver si on ne les soumettait à l'action de l'esprit de vin.

Pour chasser les espèces qui appartiennent à cet ordre, et principalement les scorpions, il faut prendre les plus grandes précautions. On ne doit les saisir qu'avec une pince à pansement, la plus longue qu'on peut trouver; autrement on courrait de grands risques; car le scorpion, qui se tient ordinairement blotti sous une pierre, se sentant pressé entre les branches de la pince, développe sa queue en la promenant de tous côtés, afin de piquer ce qu'il rencontrera.

Dans le midi de l'Europe, la piqûre du scorpion produit des accidens, assez graves il est vrai, mais elle n'occasionne jamais la mort. Dans l'Afrique et dans l'Amérique, le virus de ces arachnides est beaucoup plus actif. La piqûre du scorpion noir d'Afrique surtout, est presque toujours mortelle pour celui qui a le malheur d'en être atteint, si on n'y remédie promptement. La cautérisation par le feu ou par le nitrate d'argent fondu, est la seule indication à remplir lorsqu'on se trouve blessé par un scorpion. L'alcali volatil peut aussi être employé avec succès; je vais en rapporter un exemple;

Dans l'année 1818, me trouvant en Afrique, je faisais tous les jours des excursions dans le désert pour chasser des insectes. Un soir, muni d'une lanterne dont la clarté était très-faible, je faisais ma ronde accoutumée. En soulevant des pierres j'aperçus un scorpion noir; empressé de m'en emparer, je le saisis tout-à-coup avec une pince, mais avec si peu de précaution qu'il me lança son dard avec violence à l'index de la main droite: la commotion que cette piqûre me fit éprouver fut telle que je lâchai prise involontairement. Bientôt des douleurs aigues se firent sentir dans le doigt blessé et dans toute la main. Effrayé de la marche rapide des accidens qui se manifestaient, je pris sur le champ mon parti; et, m'armant d'un bistouri que j'avais dans ma trousse, j'élargis l'ouverture de la plaie, et j'y versai abondamment de l'alcali volatil concentré; j'avalai ensuite un verre d'eau dans laquelle j'en mis cinq ou six gouttes. L'inflammation de mon doigt, augmentée par l'application de l'alcali, me donna pendant quelques jours un léger mouvement fébrile, mais bientôt je fus parfaitement rétabli.

Les précautions qu'exige la chasse aux scorpions ne doivent pas être négligées pour la plupart des scolopendres, dont la piqûre est très-dangereuse; à mesure qu'on prendra un de ces animaux ou toute autre espèce d'arachnide, on aura le soin de le mettre dans de l'esprit de vin, et on ne l'en retirera que lorsqu'on voudra le piquer.

Il est une autre classe d'insectes dont la chasse ne présente aucun péril, et qui, par la variété de leurs couleurs et le nombre de leurs espèces, méritent de fixer notre attention : ce sont les phalènes, ou papillons nocturnes. On rencontre les phalènes partout; on les trouve sur de vieux troncs d'arbres, tantôt sur des pierres, quelquefois même elles s'introduisent sous le toit d'une chaumière, et jusque dans son intérieur; on peut alors les piquer sur place. C'est dans les forêts et sur les arbres qui bordent les routes, tels que les ormes et les marronniers que se trouvent les espèces les plus précieuses. La manière de les chasser avec le plus de fruit, est celle que nous allons décrire, nous la tenons du savant professeur M. Latreille, dont les immenses travaux ont jeté un si grand jour sur l'entomologie.

Lorsqu'on veut chasser les phalènes, on doit se trouver dans l'endroit où l'on a décidé de faire cette chasse, à l'instant où les premiers rayons du jour donnent aux papillons nocturnes le signal du repos. Alors on frappe brusquement avec le pied le tronc des arbres qu'on suppose leur servir de refuge : surpris de cette secousse inattendue, ils tombent à terre, et on s'en empare avec la plus grande facilité ; on leur serre l'abdomen avec une petite pince, afin de les faire périr, et on les pique sur une des parties latérales du corselet; on les fixe ensuite au fond d'une boîte garnie de liége. De quelque manière qu'on se procure ces insectes éclatans, qui doivent leur beauté à une poussière écailleuse appliquée sur leurs ailes, on doit éviter de les leur toucher, afin de ne pas enlever les couleurs qui font leur ornement, et qui leur servent de caractère pour les distinguer. Les autres lépidoptères diurnes habitent les lisières des taillis, les prairies, les parterres, et tous les endroits où les fleurs répandent leur parfum. C'est là que, dans les beaux jours du printemps et de l'été, on les voit voltiger sans cesse depuis le lever du soleil jusqu'à la nuit. Au moyen de la trouble de gaze dont nous avons parlé, on les saisit très-facilement, et après leur avoir pressé l'abdomen, on les pique, comme nous venons de le dire, en parlant des phalènes.

D'autres familles d'insectes habitent sur les feuilles et les tiges des arbrisseaux. Le meilleur procédé pour se les procurer est (comme l'a indiqué M. Bosc) d'étendre un linge ou un parasol sous l'arbre ou la plante où ils se sont cachés, ensuite on frappe fortement le pied de l'arbre, tous les insectes qu'il recèle tombent à l'instant, et on les ramasse aisément sur le linge; à l'aide de ce procédé, on obtient souvent des espèces très-curieuses, qu'on se procurerait difficilement d'une autre manière, à cause de leur petitesse.

Enfin, c'est presque toujours sur les troncs d'arbres, sur les vieux bois, les vieilles murailles, et, en un mot, sur toutes les surfaces rudes et de couleur obscure que le soleil a échauffées de ses rayons, qu'on trouve une foule de petits insectes très-précieux. C'est là, surtout, que se rencontrent les chrysis, les ichneumons, les buprestes, et mille autres espèces toutes parées du magnifique assemblage des couleurs les plus vives et les plus éblouissantes.

On emploie la trouble de gaze pour ces espèces d'insectes, et en général pour tous ceux qui voltigent dans les airs pendant le jour.

Voilà tout ce que nous avons cru convenable de dire sur la manière de chasser chaque animal. Nous n'avons qu'effleuré cette partie, sans doute; mais notre but n'étant pas de traiter de la chasse, nous ne nous y arrêterons pas davantage.

Il nous reste maintenant à parler de la préparation et des moyens de conservation des mammifères, oiseaux, reptiles, poissons, insectes, crustacés, mollusques, coquilles, etc.; nous allons nous en occuper dans la seconde partie de cet ouvrage.

DEUXIÈME PARTIE.

Des instrumens et des matières employées pour monter les animaux.

Nous ne ferons point ici une description détaillée de chaque instrument; nous nous contenterons d'indiquer ceux dont l'usage est indispensable et journalier.

On se procurera :

1.° Une boîte de scalpels (*Voy.* le scalpel, planche 2.°, n.° 1);

2.° Trois ou quatre bruxelles de différentes tailles (*Voy.* la planche 1.re, n.° 1.) Une de ces petites pinces sera dentelée vers la pointe, afin de retenir plus facilement les objets qu'on aura saisis; les deux autres seront sans dentelure;

3.° Deux paires de ciseaux. La première aura une de ses lames arrondie; les deux lames de [illegible] pointues;

4.° Une paire de pinces coupantes ;

5.° Deux paires de pinces plates, l'une assez forte, l'autre plus petite;

6.° Une paire de tenaille pour les gros ouvrages ;

7.° Deux limes de grandeur et de force différentes;

8.° Plusieurs broches de fer de différentes grosseurs, pour tracer le chemin aux fils de fer, dans les pates des oiseaux;

9.° Une pince de pansement, très-allongée, en forme de ciseaux (*Voy.* planche 1.re, n.° 5.);

10.° Une petite scie pour agrandir le trou occipital, chez les animaux dont les os du crâne présentent trop de résistance;

11.° Plusieurs vrilles de différentes grosseurs;

12.° Plusieurs pinceaux en crin pour enduire les peaux de préservatif. Il faudra encore un autre pinceau en poil de blaireau, pour lisser les plumes et les poils, et enlever la poussière qui les recouvre;

13.° Un marteau et des pointes pour fixer les fils de fer d'un animal monté, sur le socle qui lui sert de support;

14.° Du fil de fer de tous les numéros;

15.° De la filasse de lin ou de chanvre, du coton, de la mousse passée au four, pour bourrer les animaux, selon les diverses parties sur lesquelles on opère, et la grosseur des individus qu'on prépare.

Avec les instrumens renfermés dans cette liste, on peut monter tous les animaux dont la taille n'est pas trop considérable. Comme il est peu d'amateurs qui puissent réussir à monter seuls une grosse pièce, et que d'ailleurs, excepté les espèces indigènes de nos climats, telles que le bœuf, le cheval, le cerf, le loup, etc., on ne peut qu'à grands frais et avec une extrême difficulté, se procurer des animaux des pays étrangers, nous ne nous étendrons pas davantage sur ce sujet.

Du préservatif.

Parmi les divers moyens de conserver les peaux des animaux, le préservatif et le bain fixeront seuls notre attention.

Il n'est pas de sujet en histoire naturelle sur lequel on ait plus écrit que sur le préservatif. Chacun a voulu donner une méthode de sa façon. MM. l'abbé Manesse, Nicolas, Mouton-Fontenille, effrayés des prétendus dangers auxquels on est exposé en employant le savon arsénical de Bécœur, ont indiqué, dans leurs ouvrages sur l'art d'empailler, plusieurs préservatifs, soit liquides, soit en poudre : mais on n'a pas tardé à reconnaître l'insuffisance de ces divers procédés.

On a cru long-temps que le savon arsénical de Bécœur ne pouvait être employé impunément par le préparateur : on en a trop exagéré les dangers. Mais l'expérience a démontré qu'il ne pouvait être dangereux que dans des mains imprudentes, et maintenant son usage est généralement adopté.

Le savon arsénical étant le seul moyen de conservation qui puisse préserver les peaux des attaques des insectes rongeurs, nous l'employons constamment, et nous en obtenons les plus heureux effets. M. Dufresne, dans son Traité de Taxidermie, recommande le savon arsénical comme le seul moyen de bien conserver les peaux. A l'exemple du savant chef du laboratoire du Muséum, nous conseillons l'usage du savon arsénical de Bécœur à ceux qui tiennent à rendre leur collection inattaquable aux dermestes.

Voici la formule de ce préservatif :

Prenez

Camphre.	5 onces,
Arsénic en poudre. . . .	2 livres,
Savon blanc.	2 livres,
Sel de tartre.	12 onces,
Chaux en poudre. . . .	4 onces.

Coupez le savon par petites lames très-minces, et mettez-le dans un vase de grès, sur un feu doux, avec une petite quantité d'eau; ayez soin de le remuer souvent avec une spatule de bois ; lorsqu'il sera tout à fait liquefié , ôtez-le du feu et ajoutez le sel de tartre en poudre grossière ; faites-le dissoudre entièrement , et mêlez-y successivement la chaux et l'arsénic ; triturez doucement le tout ensemble pour opérer le mélange.

D'autre part, pulvérisez le camphre dans un mortier avec un peu d'esprit de vin, ou bien dissolvez-le dans ce liquide ; il est essentiel que les autres matières soient entièrement refroidies avant d'y ajouter le camphre , car la moindre chaleur qu'elles contiendraient encore suffirait pour le volatiliser , et à l'aide d'une spatule , vous remuerez fortement le tout jusqu'à ce que le mélange soit parfait.

On met ensuite ce préservatif dans un pot de grès vernissé intérieurement , et on le conserve dans un lieu frais.

Lorsqu'on veut en faire usage , on le délaye avec un peu d'eau , et on l'étend avec un pinceau sur les peaux des animaux qu'on veut préparer.

Du Bain.

Quels que soient les avantages qu'on retire

de l'emploi du savon arsénical pour conserver les animaux, il existe cependant des cas où ce préservatif serait insuffisant. Beaucoup de peaux présentent un tissu trop dense pour qu'il puisse les pénétrer convenablement. Il faut donc avoir recours à un préservatif liquide, qui, absorbé plus aisément par la peau, la rende inaccessible aux insectes rongeurs; on donne à ce moyen de conservation le nom de *bain*.

Pour préparer un bain, on agit dans les proportions suivantes;

Eau.	quatre pintes.
Alun.	une livre.
Sel marin.	une poignée.

On fait bouillir jusqu'à ce que tout soit dissous, et on laisse refroidir un peu le liquide; on met ensuite la peau dedans. Toutes les peaux des mammifères, d'une taille égale à celle de la fouine, doivent rester au moins vingt-quatre heures dans le bain. Quant à celles dont la dimension est plus considérable, elles y séjourneront plus long-temps, selon l'épaisseur de leur tissu.

Lorsqu'on veut passer au bain une peau déjà échauffée, et qu'on craint que le poil ne tombe, on emploie un moyen dont le succès est infaillible. On commence par la faire tremper dans un bain froid, composé comme nous l'avons dit, pendant l'espace de quarante-huit heures, puis on l'en retire. On fait chauffer le bain, on l'y plonge seulement, et immédiatement après, on la jette dans l'eau froide; le passage subit d'une température élevée à une température très-froide, détermine un resserrement général des pores de la peau, et il n'y a plus de risque que les poils tombent; ce procédé est employé par tous les corroyeurs.

Le bain offrant tout à la fois un moyen sûr pour la conservation des peaux, et une grande économie de frais, on ne doit jamais se dispenser d'y avoir recours dans les cas dont nous avons parlé.

Nous observons ici que toutes les peaux, soit qu'elles aient été passées au bain, soit qu'elles n'aient pas subi cette opération, doivent être enduites de préservatif lorsqu'on s'occupe de monter l'animal.

Manière de dépouiller et de monter les quadrupèdes.

Le premier soin qu'on doit avoir, au retour de la chasse, est d'étancher le sang qui s'échappe des blessures de l'animal qu'on veut préparer. On lave ensuite la plaie, et on la saupoudre abondamment de plâtre, afin d'absorber l'eau qui humecte le poil. On enlève la première couche de plâtre, et on la remplace par de nouvelles, jusqu'à ce que la robe de l'animal soit parfaitement sèche, et qu'elle ait repris ses couleurs et son lustre. Cette opération préparatoire étant terminée, on procède au dépouillement.

On commence par exercer des tiraillemens sur les membres, afin de détendre les muscles qui se sont contractés par l'effet de la mort. On diminue, de cette manière, la résistance que cette roideur opposerait au dépouillement; ensuite, étendant l'animal sur le dos, la tête tournée vers la gauche du préparateur, on écarte de côté et d'autre les poils, et on pratique, avec un scalpel, une incision longitudinale sur la peau, depuis la fourchette du sternum jusqu'au bas ventre. En faisant cette incision, il faut prendre les plus grandes précautions, afin de ne pas diviser les muscles abdominaux et procurer par là une issue aux intestins.

Alors, saisissant un des bords de l'incision, on dégage légèrement, à coup de scalpel, la peau vers le dos de l'animal; on coupe les muscles fessiers, et on sépare le fémur des os du bassin. Après en avoir fait autant du côté opposé, on coupe le rectum près de l'anus; reste ensuite à faire sortir la queue de son fourreau. Assez souvent, cette opération présente de grandes difficultés lorsqu'on a recours au moyen ordinaire, c'est-à-dire, lorsque, tirant la peau d'une main, on exerce de l'autre un tiraillement en sens inverse sur les vertèbres.

L'autre procédé, dont l'exécution est très-facile, ne manque jamais de produire les meilleurs effets; voici en quoi il consiste: Après avoir dégagé la peau avec un scalpel, on prend un bâton fendu dans la longueur d'un pied à peu près; on affourche la queue dessus, en pinçant fortement, avec le morceau de bois, la partie qu'on a dégagée avec le scalpel; ensuite, saisissant de la main gauche le bâton fendu, on laisse passer, entre les doigts, la partie des vertèbres qu'on a mise à nu, et on la tire avec force dans un sens opposé.

Cependant, il est des animaux dont la queue est tellement adhérente à son fourreau, qu'il serait impossible de la dépouiller de cette manière; alors, on est obligé de l'ouvrir dans toute sa longueur, et de l'écorcher de même qu'on a fait pour le corps. Il ne faudra pas oublier de recoudre l'ouverture avant d'y introduire la queue factice. Toutes les parties inférieures de l'animal se trouvant dépouillées, on passe aux parties supérieures (avant-train).

On replace l'animal sur le dos, et on détache la peau d'avec le corps jusqu'aux épaules; on se contente pour cela de s'aider de la main droite, et on évite, le plus que l'on peut, de se servir d'instrumens tranchans; on coupe l'humérus de chaque côté à son articulation avec l'omoplate, et on fait rentrer chaque membre dans sa position naturelle; ensuite, on fait glisser la peau du cou jusqu'aux dernières vertèbres cervicales, et on sépare le tronc de la tête.

Le corps se trouvant alors entièrement détaché, on retourne aux membres, et on leur enlève tous les muscles, en ayant soin toutefois de conserver les ligamens articulaires qui unissent les os; à mesure qu'on nettoie un des membres, on le fait rentrer dans sa place respective.

Il est des animaux dont la plante des pieds est tellement charnue qu'on est obligé d'y faire une incision. Cette incision faite, on écarte ses bords de côté et d'autre; et, par l'ouverture qu'on a pratiquée, on extrait tous les tendons, la graisse, et toutes les parties susceptibles de se corrompre; on met à nu les phalanges, en ne conservant que les ligamens qui les attachent. On les laisse dans cet état, si la peau doit passer au bain; mais, si elle ne doit pas y tremper, après avoir enduit de préservatif toutes les parties mises à découvert, ainsi que la peau qui doit les recouvrir, on remplace par de l'étoupe finement hachée les parties charnues et graisseuses qu'on vient d'enlever, et on recoud la peau à point de suture.

Il existe encore une manière de dépouiller les membres des animaux de la grosseur du loup, du cerf et au-dessus. On ouvre les membres dans toute leur longueur, en dedans du corps; on dépouille comme il a été dit plus haut, et ensuite on agit de même que pour la plante des pieds. La peau de tous les animaux sur lesquels on pratique cette opération doit toujours être passée au bain.

Dans tous les cas, soit que la peau de l'animal doive tremper dans le bain, soit qu'on la destine à être montée de suite, on doit s'occuper du dépouillement de la tête, immédiatement après avoir terminé les opérations dont on vient de parler.

Lorsque le volume de la tête n'est pas trop considérable, on commence par la faire rouler dans la peau du cou, et on ramène successivement cette peau par-dessus le museau jusqu'à ce qu'on soit arrivé près des fosses nasales. Mais il faut prendre les plus grandes précautions pour ne point intéresser, en les détachant, les sacs qui tapissent la conque de l'oreille. Ordinairement on les extirpe, en les saisissant avec soin, le plus près possible de leur point d'attache au trou auditif, et en tirant dessus avec précaution. Arrivé aux yeux, lorsqu'on en voit les membranes fortement tendues par les tiraillemens exercés sur la peau, et que les paupières sont sur le point de s'en détacher, on donne légèrement quelques coups de scalpel le plus près que l'on peut de la peau, en se donnant bien de garde de l'endommager. On ne prend jamais trop de précautions dans ce cas, parce qu'il est extrêmement difficile, et presque impossible, de cacher un coup de scalpel qui aurait fendu la peau dans le voisinage des yeux. Cette partie se trouvant ordinairement dépourvue de poil, on n'a aucun moyen de déguiser la couture qu'on est obligé de faire.

Si l'animal qu'on prépare est armé de cornes, ou bien que le volume de sa tête ne permette pas de la faire passer par le cou, il faut se résoudre à fendre la peau depuis l'os frontal jusqu'à l'occipital; c'est par cette ouverture qu'on fait sortir la tête, en la laissant toutefois adhérer à sa peau par le bout du museau, comme dans les cas ordinaires.

Ensuite, de quelque manière qu'on ait dépouillé la tête, on agrandit le trou occipital à l'aide d'une petite scie ou d'une forte paire de ciseaux; on enlève le cerveau avec toutes ses membranes, et on extrait les yeux des trous orbitaires. On coupe toutes les parties charnues qui recouvrent les os de la tête, surtout les pariétaux, les temporaux et le coronal ou frontal. On nettoie aussi les os maxillaires; mais il faut conserver les ligamens articulaires de l'os maxillaire inférieur (machoire inférieure).

On s'arrête là pour les peaux qui doivent tremper dans le bain ; ce ne sera qu'après qu'on les y aura tenues plongées pendant le temps nécessaire pour que leur tissu soit bien pénétré, qu'on s'occupera de monter l'animal.

De toutes les opérations que nécessite la préparation, le dépouillement est celle dont l'exécution est la plus facile. Avec un peu d'attention et d'adresse, un élève qui n'aurait encore reçu que peu de leçons pourrait s'en acquitter sans beaucoup de peine. Mais bourrer une peau devenue plate ; la bourrer partout où il convient, et seulement où il convient, c'est-à-dire, remplacer par un corps étranger quelconque les parties charnues d'un animal, et lui restituer toutes ses formes, voilà ce qui paraît aisé d'abord, et ce qu'on ne parvient jamais à exécuter que lorsqu'on est fortifié par une longue expérience.

Lorsque la peau a séjourné le temps convenable dans le bain, on l'en retire, et on la presse fortement à deux mains, afin de la priver le plus qu'il est possible du liquide dont elle est impregnée ; mais il faut observer de ne pas la tordre, car on l'étendrait beaucoup, et d'une manière inégale. Il en résulterait que l'animal présenterait des formes irrégulières lorsqu'il serait monté.

Comme la peau qui sort du bain et celle qui n'y a pas trempé se trouvent au même point, et que les procédés en usage pour terminer la préparation de l'animal qu'on s'est procuré sont les mêmes, ce qu'on va dire doit également s'appliquer aux peaux fraîches et à celles qui ont été passées au bain.

La peau de la tête étant retournée, on l'enduit de préservatif, et on remplace, par de l'étoupe hachée, les parties charnues et graisseuses qu'on a enlevées; on introduit aussi de l'étoupe dans les orbites; et, après avoir mis une couche de préservatif sur la peau du cou, on fait rentrer la tête, et on retire la peau pardessus.

Si l'on a été obligé de faire une incision à la peau de la tête : après avoir mis une couche de préservatif et avoir garni d'étoupe, comme on vient de le dire, on recoud l'ouverture à point de suture.

Lorsque la tête est préparée, et qu'on l'a fait rentrer en place, on introduit du préservatif dans le cou, et, à l'aide d'un bourroir proportionné à la grosseur de l'animal qu'on prépare, on bourre suffisamment le cou avec de l'étoupe ou de la mousse séchée au four; on s'occupe ensuite de bourrer le corps.

Avant de terminer cette opération, il faut avoir le soin de couper quatre fils de fer d'une longueur et d'une grosseur relative au volume de l'animal qu'on prépare.

Commençant ensuite par les extrémités inférieures, on prend un des fils de fer, et on le passe à travers la plante du pied, en le faisant glisser dans la direction des os jusqu'à ce que sa pointe dépasse l'extrémité du fémur. Cela fait, on s'occupe de rétablir les formes qu'avaient la cuisse et la jambe dans leur état naturel; pour cela, on commence par entourer de filasse le bas de la jambe et le fil de fer; on continue ainsi jusqu'à la cuisse, en procédant toujours de bas en haut; et lorsque celle-ci a recouvré sa forme primitive, on exécute la même opération sur l'autre jambe. Lors même que la jambe et la cuisse factices sont achevées, il doit toujours rester un excédent du fil de fer qui les traverse, afin de pouvoir unir ensemble les parties du squelette artificiel.

On traite entièrement, d'après le même procédé, les membres supérieurs; mais comme ce moyen serait insuffisant pour rétablir parfaitement les formes musculaires, on doit, pour les membres supérieurs comme pour les inférieurs, achever de les bourrer avec de l'étoupe hachée, jusqu'à ce qu'on ait atteint le but qu'on se propose.

Ces diverses opérations terminées, on prend un fil de fer un peu moins gros que ceux des membres, on l'entoure d'étoupe en le faisant rouler entre les doigts; et, après l'avoir enduit de préservatif, on l'introduit dans le fourreau de la queue.

Il ne reste plus maintenant qu'à placer un dernier fil de fer, qui, traversant longitudinalement l'animal, servira de point d'attache à ceux des membres et de la queue.

Ce fil de fer doit être environ un quart plus long que le corps de l'animal; sa partie supérieure, c'est-à-dire celle qui doit traverser la tête, doit être aiguisée, afin de percer aisément les os du crâne. Deux anneaux seront pratiqués dans sa longueur; le premier vers son milieu, le second à peu de distance de son extrémité inférieure. Dans le premier anneau, viendront se fixer les traverses des membres supérieurs; le second anneau servira de point d'attache aux traverses des membres inférieurs et de la queue.

Tout étant dans cet état, on introduit la partie supérieure de ce fil de fer dans le cou, et on fait sortir sa pointe vers le milieu des os du crâne. On fait passer les bouts des traverses des membres supérieurs dans le premier anneau, et, à l'aide d'une pince, on les tord ensemble; réunissant ensuite l'extrémité du fil de fer de la queue aux extrémités des cuisses, on les introduit dans le second anneau, et on les tord ensemble jusqu'à ce qu'on ait donné à ce squelette factice toute la solidité convenable; on achève alors de bourrer l'animal, et on le coud à point de suture (*Voy.* pl. 2, fig. 5.)

Lorsque la couture est achevée, on prend une espèce d'aiguille, appelée carrelet, et on l'enfonce dans la peau à plusieurs reprises, afin d'étendre l'étoupe ou les autres matières dont on s'est servi pour bourrer.

Il ne reste plus ensuite qu'à poser l'animal sur son support, et à lui donner une attitude convenable à l'espèce à laquelle il appartient.

C'est ici que les plus grandes difficultés attendent le préparateur; non-seulement il a besoin de goût et d'adresse, mais encore il faut qu'il ait étudié l'histoire naturelle; avant de donner à chaque animal la forme qui lui convient, il faut consulter ses mœurs et ses habitudes.

Les bornes de cet ouvrage ne nous permettant pas de déterminer, d'une manière particulière, le port que doit avoir chaque mammifère, nous nous bornerons à dire que le préparateur ne doit pas s'asservir à une seule attitude, à une forme unique. Il doit, au contraire, varier le plus qu'il peut les positions, afin de faire voir les animaux sous tous leurs points de vue, mais, pour ne pas commettre d'erreurs, il faut avoir sans cesse présent à l'esprit l'instinct et le caractère de chaque espèce.

Il n'est personne qui ne sache qu'un lièvre, un renard, un loup, un mouton, etc., doivent présenter des formes différentes. A la noblesse de son port, à l'air de vigueur et de souplesse de ses membres, à l'expression de sa tête, on doit voir que le lion est le roi des animaux; la férocité doit respirer dans les traits du tigre et du léopard, comme la douceur sera empreinte dans chaque position de l'agneau.

Le préparateur qui négligerait d'avoir égard à ces considérations, ne ferait que bourrer une peau, sans pouvoir restituer à la nature morte cet air animé qui semble la faire revivre.

Lorsque le quadrupède est cousu, on fléchit un peu les membres sur le corps, et on s'occupe de le poser. On prend une planche d'une grandeur proportionnée; on pratique quatre trous à cette planche; et, après y avoir introduit les quatres fils de fer des pates, on recourbe en-dessous l'extrémité de chaque fil de fer, et, au moyen de quelques clous, on les fixe d'une manière solide.

On donne ensuite aux jambes, au corps, au cou et à la tête, la tournure la plus en rapport avec la nature.

On introduit du coton ou de l'étoupe dans les oreilles et dans les yeux; on en met aussi dans les narrines et dans la bouche, afin de conserver à ces diverses parties les formes qu'elles doivent avoir. Lorsque l'animal appartient à une espèce qui porte les oreilles hautes, on les maintient en position en les tenant pressées entre de petites plaques de carton.

Il ne reste plus qu'à choisir des yeux d'émail d'une couleur conforme à ceux qu'on a extraits des orbites, et à les placer. On peut les mettre en place de suite, ou bien attendre que l'animal soit sec. Dans l'un et l'autre cas, on entr'ouvre les paupières, et, après les avoir enduites intérieurement d'un peu de gomme, on pousse d'avant en arrière l'œil artificiel; on lui donne ensuite la direction qu'on veut, en le soulevant par derrière avec une aiguille. Tels sont les procédés qu'on emploie lorsqu'on n'agit que sur les petits quadrupèdes.

La préparation des grands animaux, peu différente de celle qu'on vient de décrire, présente cependant des dissemblances que nous ne devons pas passer sous silence. La manière de les dépouiller et de les bourrer est la même. La différence la plus remarquable, c'est dans la charpente qu'on établit; après avoir passé les fils de fer des pates et de la queue, et avoir pratiqué à l'extrémité supérieure de chacun un anneau, on prend un fil de fer pour le milieu du corps, et on y fait deux anneaux comme on l'a vu pour les petits quadrupèdes; on introduit ce fil de fer dans le cou et la tête, et réunissant les deux anneaux des membres supérieurs au premier anneau de la traverse du corps, on les assujettit ensemble en les liant fortement avec une ficelle. On réunit aussi les anneaux des membres inférieurs et de la queue, et on les fixe au second anneau du fil de fer du corps, de la même manière que pour les membres supérieurs. (*Voy.* pl. 2, fig. 2.)

Le reste des opérations ne diffère en rien de ce qu'on a vu.

La plupart des grands quadrupèdes, tels que le cheval, le cerf, le lion, etc., présentent, dans la conformation de leurs jambes, un caractère particulier, celui d'avoir le tendon d'Achille extrêmement saillant. Comme ce caractère donne beaucoup de grâce à l'animal, on ne doit pas négliger de le conserver; on y réussit aisément de la manière suivante : on prend une ficelle, et on serre fortement, avec un double nœud, le tendon d'Achille, en ayant le soin de laisser libres les deux bouts de ficelle ; ensuite, après avoir fait la jambe factice (comme on l'a vu pour les petits animaux), on saisit les deux bouts de la ficelle, et on les tire fortement de bas en haut, en les faisant passer à travers deux petits trous qu'on pratique à la peau, à l'intérieur de la cuisse ; ces deux trous doivent être éloignés l'un de l'autre d'un pouce ou d'un pouce et demi. Lorsque la cuisse est bourrée, et que l'animal est cousu, on serre le plus que l'on peut la ficelle, et on la maintient en position au moyen d'un double nœud.

De cette manière, on parvient aisément à dessiner les formes du tendon d'Achille, et on conserve à l'animal, après sa mort, les caractères qu'il avait pendant sa vie.

Lorsque le volume de la tête de certains animaux, ou les cornes qu'ils portent, ont nécessité une incision sur la partie postérieure des os du crâne pour faciliter le dépouillement, après avoir laissé tremper la peau dans le bain le temps indiqué, on l'enduit de préservatif, et on la bourre avec de l'étoupe hachée ; on recoud ensuite l'ouverture qu'on a faite, et on s'occupe de bourrer le reste du corps.

Quant aux pieds, qu'on a été forcé d'ouvrir, on les enduit intérieurement de préservatif, et on remplace par de l'étoupe finement hachée, les tendons et les parties charnues ou graisseuses qu'on a extraites. On coud les incisions, et on pratique successivement les opérations dont nous avons parlé. (*Voy*. pl. 3 fig. 1.)

Quand on a mis l'animal en position, pour lui rendre ses formes, on prend une aiguille à matelas (*Voy*. pl. 3, fig. 6 et 7.), avec laquelle on lui passe une ficelle de part en part à travers le corps; on la repasse ensuite plus haut ou plus bas, selon que le cas l'exige, puis en serrant on imprime et on maintient sur la peau les formes enfoncées (*Voy*. pl. 3, fig. 1, *a*, *b*, *c*, *d*, *e*, *f*.)

Dans cet exposé de la préparation des mammifères, nous n'avons pas dit, sans doute, tout ce qu'un pareil sujet exigeait; nous nous sommes attachés seulement aux préparations les plus ordinaires, et nous avons fait tous nos efforts pour les démontrer d'une manière claire et précise.

Après la préparation des mammifères, vient naturellement celle des oiseaux; c'est elle aussi que nous traiterons d'abord.

PRÉPARATION DES OISEAUX.

Considérations générales.

La préparation des oiseaux, quoique plus facile que celle des mammifères, exige cependant les plus grands soins et les plus minutieuses précautions.

Les couleurs brillantes qui enrichissent le plumage de la plupart des oiseaux perdraient bientôt leur état de fraîcheur, si la prudence ne se hâtait de prévenir ces accidens.

Comme les moyens d'éviter le danger de gâter les plumes ont été suffisamment développés à l'article de la chasse aux oiseaux, nous n'y reviendrons point ici; nous nous bornerons à indiquer la manière de rendre, le mieux possible, aux plumes tachées de sang ou d'autres matières, leur état primitif.

Supposons maintenant, qu'arrivant de la chasse, on ait à préparer un oiseau dont les plumes sont ensanglantées; on commencera par laver soigneusement le sang avec de l'étoupe trempée dans une légère eau de savon; à cette eau de savon, on fera succéder de l'eau pure; et, lorsque l'oiseau sera bien lavé, on jettera dessus du plâtre pulvérisé, pour absorber l'eau qui vient d'humecter les plumes. Au bout de quelques instans, on enlèvera la première couche de plâtre; on en ajoutera sur-le-champ une seconde qu'on remplacera successivement jusqu'à ce que le plumage ait repris sa forme et ses couleurs.

Si par hasard on avait à laver un oiseau pris à la glu, ce serait en vain qu'on essaierait de nettoyer ses plumes avec de l'eau; jamais on n'y parviendrait, parce que la glu ne peut se dissoudre dans ce liquide. Il faut donc employer un corps qui puisse s'unir aux molécules de cette substance, et qui facilite les moyens de l'enlever entièrement. Le beurre frais est le meilleur agent dont on puisse faire usage dans cette circonstance; on en prend une quantité relative au volume de glu qu'on veut faire disparaître, et on le frotte sur les plumes jusqu'à ce qu'elles aient cessé d'être gluantes. On verse de l'éther sulfurique sur les plumes qu'on vient de laver; l'éther dissout le beurre. Il suffit ensuite de faire quelques frictions avec un peu d'étoupe, et l'oiseau recouvre presqu'entièrement sa beauté.

Lorsque, par l'effet d'une blessure, de la graisse a transsudé et a sali quelques plumes, on l'enlève aisément avec de l'essence de térébenthine.

L'oiseau lavé se trouvant alors dans le même

état que celui qui n'a pas eu besoin de cette opération, il faut le dépouiller : mais il faut auparavant faire exécuter quelques mouvemens aux jambes et aux ailes, afin de faire cesser la roideur qui s'en est emparé au moment de la mort; cette opération lève les difficultés qu'on aurait pu rencontrer dans le dépouillement si les membres eussent resté contractés.

Il est une précaution qu'on ne doit jamais négliger si on tient à ne pas s'exposer à perdre l'oiseau qu'on veut préparer; quoique nous en ayons déjà fait mention en parlant de la chasse, nous croyons nécessaire de la répéter ici, parce que c'est d'elle que tout dépend.

Certains oiseaux, tels que les aigles, les vautours, les faucons, et tous les oiseaux de proie en général, vivant de substances animales dont la digestion est très-difficile, ont reçu de la nature une abondante quantité de sucs digestifs qui abreuvent sans cesse leur estomac.

D'autres, tels que les hérons, butors, cigognes, et tous les oiseaux d'eau, se nourrissent de poissons, de mollusques, etc..

C'est souvent au moment même où ils viennent de se repaître d'une proie abondante qu'un plomb mortel les atteint; les substances qu'ils ont avalées, n'ayant pas eu le temps d'être digérées, et se trouvant encore quelquefois dans l'œsophage, sortiront à la moindre pression exercée sur l'oiseau, tout se répandra sur son plumage, et jamais on ne pourra réparer le ravage causé par les matières qui auront été dégorgées.

Pour éviter ces accidens, on remplit le bec avec du plâtre; on met, par-dessus le plâtre, une forte bourre d'étoupe, et on introduit un peu de coton dans les narines, mais il faut prendre bien garde d'élargir leur ouverture.

Si l'on a reçu l'oiseau qu'on va préparer d'une personne qui ne se sera pas conformée à ce que nous avons prescrit, il faut sur-le-champ réparer cette funeste négligence. Si, au contraire, toutes les précautions ont été prises, on videra le bec de l'oiseau, et, après y avoir versé du plâtre, on le tamponnera avec de l'étoupe; on arrachera ensuite le coton des narines, et on le remplacera par une nouvelle quantité de coton.

Cela fait, on passe un fil sous la mandibule inférieure, et on fait un nœud aux deux extrémités de ce fil sur l'os frontal, afin de tenir le bec fermé; on peut ensuite procéder au dépouillement.

Les auteurs qui ont traité de l'art d'empailler ne s'accordent pas sur la manière de dépouiller; les uns veulent fendre l'oiseau sur le côté; les autres le fendent depuis la pointe du sternum jusqu'à l'anus; d'autres enfin font une incision sur le dos.

Le premier de ces procédés est celui qui présente le plus de désavantage. En effet, il sera difficile de bourrer, d'une manière bien égale, un oiseau ouvert sous l'aile, et les tiraillemens exercés sur les lèvres de l'incision par la couture, opéreront, dans la forme du corps et dans la positions des plumes, des dérangemens qu'il sera impossible de réparer.

Déjà meilleur que le premier, le second procédé doit être également rejeté; car, en incisant la peau de l'abdomen, si le coup de scalpel n'est pas donné par une main habile, il traverse les muscles, perce les intestins, et donne issue à un torrent d'excrémens dont les plumes se trouvent bientôt inondées.

Quant à la manière d'ouvrir l'oiseau sur le dos, elle n'a aucun inconvénient, et elle peut être employée pour toutes les espèces; mais on n'en fait usage ordinairement que pour les grèbes, les plongeons, etc., à cause de l'épais duvet dont leur ventre est couvert; on peut aussi s'en servir pour toute la famille des canards.

Depuis long-temps l'expérience a fait justice des deux premières méthodes, et la dernière ne sert que dans les cas dont on vient de parler, et encore on peut se dispenser d'y avoir recours.

La méthode adoptée généralement aujourd'hui l'emporte sur toutes les autres, autant par la facilité de son exécution que parce qu'en opérant sur des parties recouvertes de masses musculaires considérables, on ne court pas le risque d'intéresser les viscères de l'oiseau et de souiller son plumage.

C'est l'exposé de cette méthode qui va nous occuper maintenant.

Manière de dépouiller et de préparer les oiseaux.

Lorsqu'on a fait subir à un oiseau toutes les opérations préliminaires dont nous venons de parler, on l'étend sur le dos, la tête tournée vers la gauche du préparateur. Ecartant ensuite des deux côtés les plumes qui recouvrent la poitrine et le ventre, on pratique, avec un scalpel, une incision à la peau depuis la fourchette du sternum jusqu'à l'appendice xiphoïde.

Alors, on pince d'une main un des bords de l'incision, et de l'autre main on dégage la peau, avec le manche du scalpel, le plus qu'il est possible, vers les muscles pectoraux. A mesure que l'on dépouille, on saupoudre la peau avec du plâtre, afin d'absorber le sang et les autres humeurs qui pourraient souiller les plumes.

On fait de même pour l'autre côté, et lorsqu'on a mis à découvert les muscles qui unissaient l'aile au corps, on les coupe avec des ciseaux; on appuie ensuite, avec le pouce et l'index, entre les deux épaules, en rabaissant la peau vers le cou; cette manœuvre met à nu l'articulation de l'humérus. On passe la pointe des ciseaux par-dessous l'articulation, et on sépare tout-à-fait l'aile du corps; on sépare également le cou en le coupant le plus près possible du tronc.

On retourne alors aux cuisses pour lesquelles on agit de même que pour les ailes, mais avec plus de facilité, parce qu'on a plutôt mis à découvert l'articulation du fémur avec le tibia, qui est celle qu'on coupe.

La peau ne tenant plus au corps que par le dos et les parties inférieures, on la fait descendre avec précaution antérieurement et postérieurement en la détachant avec les ongles plutôt qu'en tirant dessus. Arrivé aux dernières vertèbres (croupion), on sépare entièrement la peau d'avec le corps en coupant ces vertèbres. Après que l'oiseau est dépouillé, on s'occupe de nettoyer les membres. On commence ordinairement par les jambes; lorsqu'on leur a enlevé toutes leurs parties charnues, on fait rentrer les os dans leur position.

La manière de nettoyer les os des ailes présente quelque différence, selon que l'oiseau appartient à une petite espèce, ou qu'il est d'une grosseur considérable. Dans le premier de ces cas, toutes les fois qu'on prépare un oiseau qui n'excède pas la grosseur d'un merle, on se contente de couper les muscles qui s'attachent à l'humérus; puis, découvrant le plus qu'on peut le radius et le cubitus, on les prive de même de leurs parties charnues ou tendineuses, et on fait rentrer les humérus dans leur place respective.

Si, au contraire, on opère sur un oiseau plus gros, on dépouillera l'aile jusqu'à ce qu'on ait atteint l'extrémité des tendons des muscles, et, après qu'on aura bien nettoyé le radius et le cubitus, on les fera rentrer dans la peau.

Aussitôt que ces opérations sont achevées, on enlève la graisse qui peut encore se trouver adhérente à la peau. On peut, après cela, passer au dépouillement de la tête; avant de dépouiller le cou et la tête, on doit tenir prêts de la filasse et du coton hachés pour s'en servir aussitôt que la peau sera séparée de la tête, et que celle-ci sera nettoyée et enduite de préservatif. Sans cette précaution la peau, très-mince en cet endroit, se dessécherait promptement et se replacerait mal sur le crâne ; la tête de l'oiseau en éprouverait des changemens qui la rendraient méconnaissable. Alors, on saisit de la main gauche l'extrémité inférieure du cou de l'oiseau; et de la droite, on renverse la peau sur elle-même, en la faisant descendre doucement et sans secousses vers le bec; afin de ne pas la déchirer, on la détache légèrement avec les ongles.

Lorsqu'on a mis à nu les os du crâne, et qu'on est arrivé à l'endroit où les sacs de l'oreille s'implantent dans les os du crâne, on les détache avec la pointe des ciseaux; une fois que la peau est descendue jusqu'aux yeux, on tend fortement la pellicule transparente (membrane clignotante) qui s'attache aux paupières, et, d'un coup de scalpel, on l'en sépare.

On arrache ensuite le globe de l'œil, et on enlève toutes les parties charnues recouvrant les os de la tête. On nettoie les mandibules, et on coupe la partie inférieure de l'os occipital si l'oiseau est d'une petite espèce; mais si on opère sur un oiseau de grosse taille, après avoir séparé le cou de la tête, on élargit l'ouverture du trou occipital; cela fait, on enlève le cerveau avec ses enveloppes.

Toutes les opérations du dépouillement étant

terminées, la préparation de la tête doit être le premier objet dont on s'occupera. Voici comment on y procède : au moyen d'un pinceau, on enduit de préservatif l'intérieur du crâne, les mandibules et les orbites; on en met aussi sur les pariétaux, les temporaux et sur la peau; on évite avec soin d'en répandre sur les paupières, ce qui ne manquerait pas de gâter les plumes; prenant ensuite de l'étoupe hachée, on en remplit la cavité de la tête; on remplit également de coton haché les orbites; et lorsqu'on a garni légèrement, avec la même matière, la surface des mandibules, et spécialement le dessous de la mandibule inférieure, on saisit la tête avec la main gauche, et on fait remonter la peau par-dessus peu à peu jusqu'à ce qu'on aperçoive le bout du bec.

Une fois que la peau a dépassé la hauteur des oreilles, on la tire légèrement de la main gauche, tandis que de la droite on tire le bec dans un sens opposé; avec un peu d'adresse et d'habitude on vient aisément à bout de retourner proprement la tête par ce moyen.

On prend ensuite l'oiseau par le bec; on souffle fortement de haut en bas sur les plumes de la tête et du cou; et, à l'aide d'une petite bruxelle, on leur fait reprendre leur position naturelle. Il est essentiel de ne pas différer cette petite opération, car si on donnait à la peau le temps de sécher, elle se déchirerait lorsqu'on viendrait à retourner la tête.

On ouvre ensuite les paupières avec une bruxelle, et on étend le coton qu'on a mis dans les orbites; on enduit de préservatif l'intérieur du bec, et on le bourre convenablement d'étoupe ou de coton, afin de remplacer le vide qui résulte de l'extraction de la langue; on peut après cela bourrer le cou. Les matières dont on se sert ordinairement varient selon la grosseur de l'individu qu'on prépare, et selon la volonté du préparateur. Tantôt on emploie de l'étoupe, tantôt on fait usage de mousse sèche. Dans les îles, on remplit les oiseaux avec du coton, etc.

On peut poser en principe que toute substance végétale, dont les fibres sont douces et flexibles, peut servir à bourrer les peaux; l'usage seul des matières provenant des animaux, telles que la laine et les poils, doit être toujours rejeté, car les insectes rongeurs que ces matières recèlent ne tarderaient pas à détruire l'animal dans lequel on aurait eu l'imprudence de renfermer ces foyers de destruction.

Dans nos climats, où le chanvre et le lin croissent abondamment, et où l'on peut se procurer à peu de frais de l'étoupe, c'est cette matière dont nous nous servons de préférence, lorsque nous opérons sur des oiseaux de la grosseur de la perdrix et au-dessous. On pourrait aussi s'en servir pour les grosses pièces telles que l'aigle, le vautour, etc.

Mais la mousse étant plus commune et présentant en outre l'avantage de laisser passer plus aisément le fil de fer de la tête, son usage doit être adopté dans les circonstances dont nous venons de parler.

Comme l'étoupe doit toujours être hachée, soit pour bourrer le cou, soit pour bourrer le corps, quelque soit d'ailleurs la grosseur de l'oiseau, toutes les fois que dans la suite on parlera d'étoupe, on entendra de l'étoupe hachée.

Nous avons cru nécessaire de présenter ici ces observations, maintenant nous allons reprendre la suite de la préparation de l'oiseau.

Pour bourrer convenablement et sans peine le cou, il faut placer l'animal sur le dos, le bec dirigé en avant. Dans cette position, le préparateur commence par écarter les plumes et après avoir mis du préservatif dans le cou avec une bruxelle ou un pinceau, il prend avec sa bruxelle ou son bourroir (selon le volume de l'oiseau) une bourre d'étoupe proportionnée au diamètre du cou, et, fixant de la main gauche la peau du dos vers l'endroit qui correspond à la fourchette du sternum, il dirige de la main droite cette première bourre dans le cou, et il la pousse jusqu'à l'ouverture qu'il a faite au crâne. Ensuite, avec les ciseaux ou les pinces dont il se sert pour bourrer, il écarte de côté et d'autre l'étoupe, en la ramenant d'arrière en avant jusqu'à ce qu'en promenant les doigts du haut de la tête au cou, il ne sente plus aucun vide sous la main. Il introduit successivement de nouvelles quantités d'étoupe, en prenant toujours la précaution de bien écarter leurs parties, afin que le cou soit bourré légèrement et d'une manière uniforme. Il faut observer qu'à mesure qu'on avance vers le corps, le diamètre du cou étant plus considérable, les bourres d'étoupe doivent être plus fortes. Lorsque le préparateur sent que le cou est bien bourré, il saisit les deux humérus de l'oiseau, et, passant un fil d'une grosseur convenable entre le radius et le cubitus, il fait revenir les deux bouts du fil par-dessus les humérus, et, laissant entre ces deux os une distance de deux ou trois lignes pour les petits oiseaux, et un peu plus grande pour les grosses espèces, il les maintient dans cette position par un nœud solide. Ensuite il enduit de préservatif le radius et le cubitus de chaque aile, et il les fait rentrer à leur place. Cela fait, il introduit une bourre de coton entre les deux humérus afin qu'ils conservent la situation dans laquelle on les a mis, puis, poussant la queue de dehors en dedans, et ramenant la partie interne du croupion vers le centre du corps, il promène un pinceau imprégné de préservatif sur toute la surface de la peau, et principalement sur le croupion qu'il fait de suite rentrer à sa place en tirant les pennes de la queue de dedans en dehors.

Il faut prendre de grandes précautions en mettant le préservatif sur la peau; car si les plumes s'entrouvraient, elles seraient gâtées, et cela ferait le plus grand tort à l'oiseau.

Ces conditions remplies convenablement, le préparateur prend une forte bourre d'étoupe (ou d'autre substance, selon la grosseur de l'animal) qu'il introduit dans l'ouverture du corps; ensuite, avec une bruxelle, il divise le plus qu'il peut cette étoupe, en la dirigeant de dedans en dehors, de manière à relever les bords de la peau, et de bas en haut afin d'achever de bourrer la partie inférieure du cou. Une seconde bourre introduite, il lui fait subir la même manipulation, une troisième, une quatrième succèdent bientôt aux premières; il les travaille sur tous les sens, il les dirige sur tous les points; aucun repli de la peau n'échappe à sa main active, et il ne s'arrête que lorsque l'oiseau a repris les formes naturelles qu'il possédait avant d'être dépouillé.

Dans cette opération, le préparateur doit avoir constamment pour règle, 1.° de bourrer légèrement; c'est-à-dire que l'étoupe, ou les autres matières qu'il introduit dans la peau, ne doivent pas être trop agglomérées, et doivent présenter au contraire une masse spongieuse;

2.° De bourrer plutôt en largeur qu'en longueur;

3.° D'éviter de distendre la peau, et de donner par-là plus de grosseur à l'oiseau qu'il n'en avait durant sa vie.

En ne s'écartant jamais de la route que nous venons de tracer, on obtiendra toujours le succès le plus complet.

Lorsqu'un oiseau est suffisamment bourré, le préparateur doit d'abord couper deux morceaux de fil de fer réunis, d'une longueur égale et d'une grosseur proportionnée au volume des jambes dans lesquelles ils doivent pénétrer. Il coupera en outre, pour servir de traverse, un troisième fil de fer, d'un diamètre égal aux deux premiers, et environ un quart plus long que le corps de l'oiseau, mesure prise du sommet de la tête jusqu'à l'extrémité du croupion; le dernier fil de fer doit être aiguisé à ses extrémités, afin qu'il perce plus facilement les parties dans lesquelles il doit s'engager; à l'aide de deux pinces, on le rend le plus droit qu'on peut : on fait de même à l'égard des fils de fer des jambes.

On courbe ensuite le troisième fil de fer, vers les deux tiers de sa longueur, de manière qu'il se trouve, depuis l'anneau résultant de cette courbure jusqu'au croupion, un excédant de longueur, tel que le bout inférieur, après avoir traversé le croupion, vienne sortir en dehors au milieu des pennes de la queue.

Tout étant ainsi disposé, on pratique une petite ouverture à la peau du pied, en arrière de la division des doigts, et on y introduit un des fils de fer dont nous avons parlé. On le fait glisser entre la peau et le tarse; on lui fait traverser le talon et suivre la direction du tibia, jusqu'à ce que son extrémité dépasse la pointe de cet os; saisissant ensuite le tibia et le fil de fer, on les fait sortir de la peau, en les tirant d'arrière en avant, et lorsqu'on les a mis à découvert, on s'occupe de faire la jambe factice. Si on opère sur un petit oiseau, on se sert de coton, si on prépare un individu de grosse espèce, on emploie de l'étoupe.

On commence par entourer la partie inférieure du tibia avec l'une ou l'autre de ces substances (suivant le cas), et on procède ainsi de bas en haut, en augmentant progressivement jusqu'à ce que le fil de fer et l'os se trouvent garnis d'un volume d'étoupe ou de coton égal à celui des parties charnues qui formaient la jambe.

Il est bon d'observer ici qu'on doit toujours laisser libre le bout supérieur de fil de fer de la jambe, afin de le fixer dans l'anneau de la traverse du corps.

Lorsque la jambe factice est terminée, on l'enduit de préservatif, et on la fait rentrer dans sa situation naturelle. Après avoir opéré de la même manière sur l'autre jambe, on prend le fil de fer qui doit traverser le corps; puis le saisissant de la main droite par son bout inférieur, c'est-à-dire par la partie la plus voisine de l'anneau, on le fait rouler entre le pouce et l'index, on le fait passer dans le cou; et fixant en même temps la tête avec la main gauche, on dirige vers sa partie moyenne la pointe du fil de fer, et on la fait sortir par le milieu de l'os coronal.

On introduit ensuite les bouts des fils de fer des jambes dans l'anneau de la traverse du cou, et à l'aide de deux pinces, on les tord ensemble et on les unit d'une manière solide. Cela fait, on prend le bout de la traverse du milieu, et, le relevant vers la poitrine, on le recourbe légèrement, et on l'enfonce dans le croupion, en faisant sortir son extrémité au milieu de la queue.

Lorsqu'on prépare un oiseau dont la queue est très-large, comme le dindon, le paon, etc., le support de la queue doit être fourchu. On lui donne aisément cette forme, en adaptant un second fil de fer au premier, et en écartant leurs branches. Dès que le fil de fer de la queue, après avoir traversé le croupion, vient à reparaître au milieu des pennes, on le saisit avec une pince, et appuyant de la main gauche sur l'anneau du milieu du corps, on tire fortement de la droite la traverse de la queue jusqu'à ce qu'on lui ait donné la position qu'elle doit avoir; on prend ensuite chaque jambe, et on la tire en dehors, afin de l'éloigner du centre du corps, et de la ramener à sa situation naturelle. On achève de bourrer le corps, et, lorsque cette opération est finie, on coud l'oiseau. Les préparateurs varient sur la manière d'y procéder : les uns commencent leur couture par la partie inférieure de l'incision, qui se trouve sur l'abdomen, et vont la terminer à la partie supérieure qui se trouve sur le sternum; les autres commencent leur point de suture au sternum, et le dirigent vers l'abdomen. Ces deux méthodes sont également bonnes, et elles donneront les mêmes résultats toutes les fois qu'elles seront mises en pratique par une main exercée.

Que ce soit donc de bas en haut que l'on procède, ou que ce soit de haut en bas, lorsqu'on a achevé de bourrer, on prend une aiguille et un fil d'une grosseur proportionnée à l'épaisseur, et surtout à la dureté de la peau qu'on prépare; on fait un nœud à l'extrémité du fil qu'on a introduit dans l'aiguille, et on se dispose à coudre.

Pour exécuter cette opération, on écarte d'abord les plumes de côté et d'autre, et on met à découvert les bords de l'incision. Alors, saisissant de la main gauche la lèvre interne de l'ouverture qu'on a faite, on introduit l'aiguille de dedans en dehors, et on continue de coudre de cette manière jusqu'à ce qu'on ait fermé entièrement l'incision; ensuite, au moyen d'un nœud, on donne à la couture toute la solidité qu'on desire : on doit donner tous ses soins à ne pas entrelacer les plumes avec le fil, car il serait très-difficile de les remettre ensuite dans leur place respective.

L'oiseau se trouvant cousu, le premier soin du préparateur doit être d'introduire une forte aiguille dans la peau à différentes places, et spécialement sur les parties latérales. On se sert de cet instrument, comme d'un lévier, pour remuer, pour écarter les parties de la substance dont on s'est servi pour bourrer. C'est de cette manière qu'on parvient à rétablir les formes que la pression produite par la couture a pu altérer.

Ensuite on place l'oiseau sur le ventre, et on fait rentrer successivement chaque humérus dans les cavités pectorales. On replace l'oiseau sur le dos, la tête tournée vers la gauche du préparateur, et appuyant de la main gauche sur le corps, vers la partie où se trouve l'anneau, on fait ressortir la jambe en la poussant d'arrière en avant, et de dedans en dehors, avec la main droite.

Si les jambes se trouvent plus longues qu'elles ne le sont ordinairement, on les rend bientôt à leur état naturel, en les refoulant légèrement vers le corps; si, au contraire, elles ne sont pas assez longues, il suffit de tirer un peu dessus pour leur rendre leur forme primitive. Dans l'un et l'autre cas, on doit observer de les rendre bien égales. On fléchit ensuite le tarse sur le tibia, afin de rendre le talon saillant. La saillie du talon doit toujours se trouver en dehors et en regard du dessous de la queue.

L'animal préparé de cette manière, on s'occupe à le mettre sur pied.

S'il appartient à un ordre d'oiseaux qui se perchent, on lui choisit un support proportionné à sa taille (*Voy.* pl. 4, fig. 1.); et sur la surface du cylindre supérieur, on pratique, à une distance convenable, deux trous qui sont destinés à recevoir les fils de fer des jambes.

Lorsqu'on a choisi un pied bien proportionné, on prend l'oiseau, et on introduit les fils de fer des pates dans les trous de ce pied. On tire sur les fils de fer avec une pince, et on les roule autour de la traverse du pied, afin que l'oiseau soit perché avec tout l'aplomb desirable; ensuite on saisit le bout du fil de fer qui traverse le crâne, et on le tire d'une main, tandis que de l'autre on appuie sur la tête, en refoulant le cou vers le tronc, ou en l'allongeant, selon que le cas l'exige; on donne en même temps au cou et à la tête l'attitude qu'ils doivent conserver. On ne peut prescrire de règles à cet égard. Cependant, en général, il est bon de tourner la tête, soit à droite, soit à gauche; quelquefois même on dirige légèrement le bec en l'air; ces positions produisent toujours un très-bon effet, et lui donnent un air plus animé.

Supposons que l'attitude soit convenable.

Pour maintenir les ailes, quand elles sont un peu fortes, on passe un morceau de fil de fer dans la partie supérieure de l'aile droite, on lui fait traverser le corps de l'animal et la même partie supérieure de l'aile gauche, de manière à leur servir de support. On prend ensuite un second fil de fer très-fin, on lui fait un crochet à un des bouts, et on fixe ce crochet aux grandes pennes d'une des ailes, vers le tiers supérieur de leur longueur : on l'arrondit en le courbant sur le dos, et on vient saisir, avec un crochet fait à son autre extrémité, les pennes de l'autre aile; par ce moyen, on les maintient toutes deux en place avec la plus grande facilité. (*Voy.* pl. 4, fig. 1 et 2 *a.*) Pour la queue, on la serre entre deux fils de fer, assez fortement pour qu'ils puissent empêcher les pennes de se rapprocher, quand on a jugé à propos de les écarter. (*Voy.* pl. 4, fig. 1. *b.*)

Il n'est pas de sujet qui présente autant de dissemblance que les attitudes des oiseaux. Chaque famille, chaque genre a un port, une habitude extérieure en rapport avec ses mœurs et son caractère. Les oiseaux de proie diurnes, tels que les aigles, les vautours, les faucons, etc., ne présentent dans leur port aucun point de ressemblance avec les ducs, les chouettes et les autres oiseaux de nuit. Les oiseaux qui ne vivent que de graines ou de fruits, diffèrent de ceux qui ne vivent que d'insectes; les corbeaux qui fouillent la terre pour en arracher les vers et les larves d'insectes qu'elle recèle, ont des attitudes bien différentes de celles des pies, dont ils partagent les mœurs et les habitudes.

Les pies, les grimperaux, les épeiches etc., qui vont chercher leur pâture sur les écorces des arbres qu'ils frappent à coup de bec pour en faire sortir les insectes qui y sont cachés, ont des caractères qui leur sont propres et qui les distinguent des autres oiseaux. Les perdrix, les tétras, les faisans vivant à la fois de graines, d'insectes et de larves, de même que les oiseaux dont on vient de parler, offrent dans leur habitude extérieure des nuances caractéristiques qui ne se trouvent que dans cette classe.

Parmi les oiseaux pêcheurs, chaque espèce a reçu de la nature une forme et un maintien qui lui est propre. La cigogne, la grue, le flammant, le héron etc., ont chacun des signes particuliers qui servent à les distinguer au premier coup-d'œil. Les canards, les harles, les grèbes, les plongeons, les pingoins, les goélands, les mouettes, les combattans, les pluviers, etc., ne se ressemblent que sous le rapport de l'élément où ils cherchent leur nourriture. Chaque oiseau, en un mot, porte dans son maintien, dans sa forme et dans son attitude, des caractères qui ne se trouvent dans nulle autre espèce.

Il est impossible, dans un Traité de Taxidermie de tracer des règles pour l'attitude que doit avoir chaque espèce. Le meilleur guide que puisse prendre le préparateur, le seul flambeau qui doit l'éclairer, c'est l'étude de l'histoire naturelle. S'il n'a pas l'occasion d'étudier les animaux vivans, soit à la chasse ou autre part, qu'il se livre ardemment à l'étude et bientôt il saura d'après le genre de vie de chaque espèce quelle attitude il doit lui donner. Une fois qu'il aura appris à trouver, dans la forme des pates et du bec; la famille à laquelle appartient chaque individu, il saura sur le champ si l'oiseau qu'il prépare doit être perché ou s'il doit être posé sur une planche. La connaissance des mœurs des oiseaux, suffira pour lui faire sentir que l'aigle doit porter dans son attitude, l'empreinte de la fierté, tandis que le hibou doit présenter un air sombre et immobile conforme à ses mœurs.

Les attitudes varient encore selon qu'on veut représenter un oiseau dans un état de repos, ou bien qu'on le représente prêt à prendre son essor, ou même dans l'action du vol. Ces deux dernières poses sont de pure fantaisie, et l'attitude du repos est celle qu'on donne habituellement aux oiseaux qu'on destine pour les collections.

Lorsqu'on veut faire des tableaux des différentes passions d'un oiseau, on lui donne une attitude conforme aux changemens que lui font éprouver la crainte, la colère ou l'amour. Les impressions de la chaleur et du froid opérant aussi des altérations remarquables chez ces animaux, on peut faire un tableau de ces situations. On viendra aisément à bout d'exécuter ces opérations, pour peu qu'on ait observé les mœurs des oiseaux vivans.

Les observations que nous venons de présenter relativement à l'attitude nous paraissent suffisantes et nous ne nous y arrêterons pas plus long-temps. Nous allons reprendre la suite des opérations de la préparation.

Si par un relâchement assez ordinaire de la membrane, les paupières s'étaient refermées, aussitôt qu'on aura donné la pose à l'individu, on les ouvrira avec une bruxelle et on y introduira du coton afin qu'elles ne se déforment pas en séchant.

Lorsque l'oiseau a reçu l'attitude et la pose qui lui conviennent, on s'occupe immédiatement à placer les ailes. Leur position varie selon les espèces et selon le goût du préparateur,

Tantôt elles sont couvertes, c'est-à-dire qu'elles sont cachées dans les plumes de la poitrine et des parties latérales du corps qui se relèvent de bas en haut et de devant en arrière. Tantôt elles sont découvertes, c'est-à-dire que leurs bords supérieurs ne se trouvent point cachés par les plumes de la poitrine et que leurs bords inférieurs paraissent jusqu'à leur extrémité.

La première de ces positions sert à représenter un oiseau quand il a froid ou qu'il est en repos. La seconde le représente prêt à prendre son vol. Dans tous les cas, on fixe les ailes comme nous l'avons dit.

Lorsqu'on opère sur de petits oiseaux, on se contente de maintenir les ailes en position avec un fil de fer fixé au bords des ailes, comme nous l'avons indiqué plus haut, ou bien on peut encore passer un fil de fer, au moyen d'une aiguille, à travers les ailes et le corps, et nouer les deux bouts sur le milieu du dos. Il faut ensuite établir le porte-queue.

Comme la forme de la queue varie selon les espèces; que chez certains oiseaux elle est relevée, tandis que chez d'autres elle est baissée; que tantôt elle présente la forme d'une gouttière, tantôt celle d'un éventail, et une infinité de formes différentes, nous conseillons au préparateur de ne pas négliger l'étude des caractères des oiseaux, s'il ne veut pas s'exposer à faire sans cesse des contre-sens envers la nature.

Ces diverses opérations terminées, on saisit avec les branches d'une bruxelle, les plumes qui se trouvent dérangées et on les remet chacune à leur place, cela s'appelle *peigner*, *lisser* un oiseau; il ne reste plus ensuite qu'à le linger, voici comment on y procède.

On prend trois bandelettes de linge d'une grandeur proportionnée au volume de l'animal. On fait tenir par quelqu'un le support sur lequel il est perché; puis on enveloppe la partie inférieure du cou avec une des bandelettes, et croisant ses deux extrémités sur le dos, on les serre convenablement et on les assujétit au moyen d'une épingle. La seconde bandelette est placée vers le milieu du corps et recouvre la poitrine et la partie moyenne des ailes. La troisième embrasse l'abdomen (ventre) de l'oiseau, et vient s'attacher un peu au-dessus du croupion. (*Voy.* pl. 4, fig. 1 et 2.) En plaçant ces bandelettes il faut agir toujours dans le sens des plumes, c'est-à-dire d'avant en arrière.

On laisse l'individu dans cet état jusqu'à ce qu'il soit parfaitement sec; alors on enlève les bandelettes, le fil de fer des ailes, et le porte-queue. On coupe, avec une pince, les extrémités du fil de fer qui traverse la partie supérieure des ailes, ainsi que le morceau dépassant au-dessus de la tête, après avoir percé le crâne; on achève ensuite d'éplucher l'oiseau et de remettre les plumes dans leur état naturel.

La dernière opération consiste à placer les yeux factices dans les orbites (pour ne point s'exposer à commettre des erreurs relativement aux yeux, on doit avoir soin de bien observer la couleur de ceux de l'oiseau qu'on prépare). On commence par ôter un peu du coton qui tient les paupières entr'ouvertes, et on remplace ce coton par une petite quantité d'étoupe mouillée; au bout d'une heure, le ramolissement des paupières est complet, et on peut enlever l'étoupe et placer les yeux.

Après avoir choisi des yeux d'émail de la même couleur et de la même grosseur que ceux de l'oiseau, on élargit, avec une bruxelle, l'ouverture des paupières; on y introduit un peu de gomme liquide et on place l'œil; on l'enfonce en le pressant avec le doigt; et, avec la pointe d'une aiguille, on le soulève et on lui donne une direction conforme au caractère des yeux de l'oiseau vivant.

Quant aux individus qui ne perchent pas, on

les pose sur une planche à laquelle on a pratiqué deux trous dans une direction et à une distance qui tiennent au goût du préparateur, selon qu'il veut représenter l'oiseau en repos, ou qu'il le représente marchant. On introduit les fils de fer des pates dans ces trous, et on recourbe leurs extrémités en dessous de la planche; ensuite, avec un marteau, on les assujétit de manière qu'ils ne puissent se déranger.

Lorsque l'individu qu'on vient de préparer appartient à la famille des palmipèdes, dont les pieds sont membraneux, on étend les membranes, et on les maintient en position en les fixant sur la planche avec des épingles (*Voy.* pl. 4, fig. 2); on passe ensuite, avec un pinceau, une couche d'essence de térébenthine sur les pates, et on les laisse sécher. Le reste des opérations ne diffère en rien de ce que nous venons de dire pour les espèces qui perchent.

Lorsqu'on prépare des oiseaux de la grosseur de l'aigle, du vautour, etc., la carcasse en fil de fer doit être faite d'une autre manière que celle que nous avons indiquée. Ce ne serait en effet qu'avec la plus grande difficulté qu'on viendrait à bout de tordre les uns sur les autres, les fils de fer des pates et celui du milieu du corps. Pour remédier à cet inconvénient, après qu'on a passé les fils de fer des jambes, on s'occupe de faire la jambe factice comme on a vu pour les oiseaux de moyenne grosseur, puis on fait un anneau à leur extrémité supérieure qui dépasse le bout du tibia; on prend ensuite le fil de fer du cou après avoir pratiqué un anneau à la partie moyenne, on l'introduit dans le cou et on lui fait traverser le crâne, on réunit les anneaux des pates à l'anneau de la traverse du cou et on les lie fortement ensemble avec une corde afin qu'ils conservent leur solidité. Si on veut monter un oiseau de grosse espèce, les ailes étendues, il faut, lorsqu'elles sont nettoyées, enfoncer un fil de fer dans chaque aile, depuis l'extrémité de l'humérus (*os de l'épaule*) en suivant le trajet du radius et du cubitus jusqu'aux dernières phalanges. On entoure le fil de fer et l'humérus avec de l'étoupe, et on fait un anneau à l'extrémité du fil de fer qui dépasse l'humérus. Lorsque l'oiseau est bourré et que les fils de fer des jambes et la traverse du corps sont passés, on réunit les deux anneaux des ailes ainsi que ceux des jambes à l'anneau du milieu, et on les lie fortement ensemble avec une ficelle.

Lorsqu'on donne l'attitude à un oiseau préparé de cette manière, on étend les ailes et on leur fait prendre aisément la forme qu'on desire.

Des oiseaux en peau.

On entend par oiseau en peau, un individu dont toutes les parties charnues ont été extraites, et dont la peau, après avoir été enduite de préservatif, a été remplie d'un corps étranger quelconque, et a été séchée dans cet état.

Tous les oiseaux exotiques que nous recevons sont préparés de cette manière; quelques-uns même ne sont pas préservés. Comme on ne peut, lorsqu'on fait un voyage un peu long, monter de suite toutes les espèces qu'on se procure et que d'ailleurs il serait difficile de les transporter d'un lieu à un autre sans les endommager, on est forcé de les mettre en peau. Quoique nous ayons déjà traité de cette matière, en parlant du dépouillement et de la manière de bourrer, nous allons encore y revenir afin de donner tous les détails convenables.

Manière de mettre les animaux en peau.

Nous avons déjà vu comment on dépouille un oiseau, et comment on exécute successivement toutes les autres opérations. Aussi nous ne nous étendrons pas beaucoup sur ce sujet, pour ne pas faire de répétitions inutiles.

Après avoir dépouillé un oiseau, comme on l'a vu (page 53), et avoir nétoyé les ailes, on retourne la tête, on coupe la partie postérieure du crâne et on enlève le cerveau avec toutes ses enveloppes; on arrache aussi les yeux des cavités qui les contiennent. On enlève toutes les chairs qui se trouvent sur les os de la tête et sur les mandibules, et on met abondamment du préservatif partout. On remplit d'étoupe hachée la cavité du crâne; on garnit de coton les bords des mandibules afin de remplacer les chairs qu'on a enlevées; après avoir rempli de coton l'intérieur des orbites, on met un peu de préservatif sur la peau du cou, puis refoulant doucement la peau de la tête vers le tronc, on la tire avec précaution, et la tête se trouve retournée. On saisit l'oiseau par le bec, on souffle sur les plumes de haut en bas, et avec une bruxelle on rétablit l'ordre des plumes de la tête et du cou. On entrouvre les paupières et on étend le coton qui remplace les yeux.

Lorsque l'oiseau qu'on prépare porte sur sa tête une huppe, ou que le peu de diamètre du cou ne permet pas de retourner la tête, comme chez tous les canards et beaucoup d'autres espèces, on fait une incision sur la partie supérieure de la tête jusqu'aux vertèbres du cou, au moyen de cette ouverture, on dépouille la tête et on la prépare comme à l'ordinaire; on la fait rentrer dans sa peau et on la coud à point de suture.

La tête se trouvant préparée comme on vient de voir, on introduit du préservatif dans le cou et on le bourre avec de l'étoupe et de la mousse, selon la grosseur de l'oiseau. On attache les deux humérus avec un fil à une distance convenable, et après les avoir garnis d'un peu de coton et de préservatif, on les fait rentrer en place. On prend une bourre de coton qu'on introduit entre les humérus pour les maintenir en posit.

Ensuite on ramène la partie interne du croupion vers le centre du corps et à l'aide d'un pinceau on enduit sa surface d'une forte dose de préservatif. On en met également sur toute la peau, et tirant les plumes de la queue, on fait rentrer le croupion à sa place, alors on bourre le corps, en observant bien de ne pas distendre la peau, et de faire ensorte que l'oiseau soit bourré plus en large qu'en longueur.

Avant de terminer cette opération, on garnit les os des jambes avec de l'étoupe ou du coton et après avoir mis dessus un peu de préservatif, on les fait rentrer dans leur place respective. On achève ensuite de bourrer.

Lorsqu'on a donné à la peau les formes qu'elle doit avoir, on place l'oiseau sur le ventre, et poussant les ailes vers le milieu du corps, on fait rentrer les humérus dans les cavités pectorales. On replace l'oiseau sur le dos, et, avec une bruxelle, on donne à chaque plume, la position qu'elle avait lorsque l'oiseau était vivant. On tourne la tête un peu de côté et à l'aide d'une petite épingle on réunit les deux bords de l'ouverture du milieu du corps; mais en aucun cas on ne doit la coudre.

On place ensuite les jambes étendues dans toute leur longueur, de manière à ce que la face du talon se trouve tournée du même côté que le dos de l'animal.

Dans cet état de préparation, on abandonne la peau à elle-même dans un lieu bien aéré jusqu'à ce qu'elle soit parfaitement sèche.

On prend alors une feuille de papier, le plus fort qu'on puisse se procurer. On roule cette feuille de manière à ce qu'elle forme un cylindre d'une capacité assez grande pour contenir l'oiseau qu'on a préparé; on met deux bandes autour pour le maintenir en position, puis on l'introduit la tête en avant, par l'une des ouvertures du cylindre, et, avec des bandes de papier qu'on colle, on bouche exactement les deux ouvertures. On colle ensuite sur le milieu du cylindre, des bandes circulaires sur lesquelles on a eu le soin d'inscrire le nom de l'oiseau, son sexe, s'il est adulte ou de jeune âge, s'il est en mue, etc. On notera aussi la couleur des yeux et des pates, afin de ne pas faire de méprise lorsqu'on le montera.

Ces précautions, qui paraissent minutieuses, sont de la plus grande importance, et on ne doit jamais les négliger.

Lorsque les peaux qu'on a préparées, appartiennent à de grosses espèces, telles que l'aigle, le vautour, la grue, la cigogne etc., il n'est pas possible de les renfermer dans des cornets cylindriques; on se contente alors d'entourer les ailes et le corps, avec des bandes de linge ou de papier.

Lorsqu'on emballe ces objets, on place dans le fond de la caisse, un lit d'étoupe ou de coton. On range d'abord les plus grosses peaux, et on met une nouvelle quantité de coton de peur qu'elles ne se froissent entr'elles. On continue de cette manière, jusqu'à ce que la caisse soit pleine.

Quant aux oiseaux renfermés dans les cornets cylindriques, on place chaque cornet par rang de taille, et on met entr'eux une certaine quantité de coton, afin qu'ils ne balottent pas.

Lorsque les caisses sont parfaitement remplies, on les cloue et on bouche exactement toutes les ouvertures qui pourraient donner passage à l'air.

Si ces caisses doivent voyager par mer, on

les enduit de goudron afin que l'eau ne puisse les pénétrer.

Maintenant que nous avons vu comment on doit préparer les peaux, nous allons dire un mot sur la manière de les monter.

Manière de monter les oiseaux en peau.

Lorsqu'on veut monter un oiseau en peau, on commence par enlever l'épingle qui attache les bords de l'incision du milieu du corps : ensuite avec une bruxelle, on le débourre. On arrache aussi l'étoupe qui remplit le cou et la tête.

La peau étant débourrée, on s'occupe de la ramollir, et voici comment on y procède.

On prend de l'étoupe mouillée, et avec une bruxelle ou un bourroir, on en introduit une petite portion dans le cou; on pousse cette première bourre jusque dans le crâne. On en introduit successivement de nouvelles quantités, jusqu'à ce que le cou soit rempli; alors on remplit également tout le reste du corps; mais, durant cette opération, il faut bien prendre garde de répandre de l'eau sur les plumes, car il serait difficile de leur rendre leur fraîcheur; on prévient aisément cet accident en mettant entre les bords de l'ouverture du corps et de l'étoupe mouillée, une petite quantité de filasse sèche.

On enveloppe ensuite les pates jusqu'au talon, avec de la filasse mouillée, (dans les individus de la grosseur de l'aigle, et au-dessus, on met ramollir les pates plusieurs jours avant le corps); lorsqu'on a rempli toutes ces conditions, on couche l'oiseau sur le dos, et on le recouvre avec de l'étoupe sèche, afin de le garantir du contact de l'air qui absorberait l'humidité. On le porte dans une cave ou tout autre lieu humide, et on le laisse dans cet état jusqu'à ce que la peau ait repris une partie de sa souplesse.

La durée du temps nécessaire pour ramollir une peau, varie selon la grosseur de l'espèce. Cependant on peut établir comme une règle générale que les petites espèces, jusqu'à la grosseur du canard ordinaire, sont parfaitement ramollies au bout de vingt-quatre heures, et que trois jours, le plus souvent, suffisent pour les espèces les plus grosses. D'ailleurs en examinant la peau avec attention, il est facile de voir si elle est arrivée au degré convenable.

Lorsque la peau est suffisamment ramollie, on enlève la filasse qu'on a mise autour des pates. On extrait ensuite du corps ainsi que du cou et de la tête, l'étoupe qu'on y a introduite; on arrache la substance qui a servi à faire la jambe factice, et on met le tibia à découvert. On écarte avec précaution, les plumes qui recouvrent les bords de l'ouverture du corps, on passe du préservatif dans la tête et dans le cou; et on en met également partout le corps, et spécialement au croupion.

On bourre l'animal et l'on se conforme entièrement, pour toutes les autres opérations, à ce qui a été dit lorsqu'on a traité de la préparation des oiseaux en chair.

Ici se terminent les observations que nous avons cru devoir présenter sur les différentes préparations des oiseaux. Si nous nous sommes livrés à des détails qui pourront paraître trop minutieux à quelques-uns de nos lecteurs, nous l'avons fait afin de donner plus de clarté aux procédés que nous avons décrits, et pour mettre tout le monde à même d'en faire l'application.

PRÉPARATION DES REPTILES.

Considérations générales sur les différents modes de préparation.

Il existe deux manières de préparer les reptiles, la première consiste dans les opérations suivantes : d'abord faire une incision circulaire dans l'intérieur de la bouche de l'animal, et, après avoir séparé les mâchoires l'une de l'autre, couper la colonne vertébrale à son insertion avec la tête, puis renverser les mâchoires en dedans, tirer la tête par l'ouverture de la bouche, rebrousser la peau dans un sens opposé et dépouiller successivement le tronc et les pates, en laissant les phalanges, et une partie du métatarse attachées à la peau; enduire la peau ainsi retournée avec du préservatif, la faire rentrer par la bouche; souffler dedans afin de la gonfler et détacher les parties collées ensemble, et faire rentrer les pates dans le fourreau des jambes. Verser ensuite du sable très-fin dans la bouche de l'animal; en faire entrer d'abord dans les pates, les jambes et les cuisses; enfin en remplir le corps, le cou et la tête. Mettre un tampon d'étoupe dans la bouche, afin d'empêcher le sable de sortir; enduire le tour des paupières d'un peu de gomme et placer des yeux artificiels.

Il ne reste plus qu'à donner à l'animal une position naturelle, et à le maintenir dans cette position, en fixant ses pates sur une plaque de liége, au moyen de quelques épingles.

Lorsqu'il est parfaitement sec, on passe sur toute la peau une couche de vernis à l'esprit de vin, et on laisse sécher ce vernis; on enlève le tampon de la bouche, et on vide entièrement le sable par cette ouverture. La peau conserve la forme dans laquelle elle a séché, et l'animal peut être placé dans une collection.

Ce procédé n'est applicable qu'aux reptiles de la famille des grenouilles, crapauds, rainettes et pipa, car, outre que les individus préparés de cette manière ont l'inconvénient de se déformer au moindre froissement, et par conséquent ne peuvent être transportés à la plus petite distance, il est des espèces, surtout parmi les serpens, dont les dents sont imprégnées d'un virus si actif, que pour peu qu'on s'y blessât, en dépouillant l'animal, une mort affreuse serait, au bout de quelques instans, le prix de l'imprudence du préparateur.

Le second procédé, applicable à tous les reptiles, offre l'avantage de conserver, d'une manière stable, les caractères de la bouche des individus sur lesquels on l'exécute. Que l'animal ait quatre pates, comme les crocodiles, caïmans, lézards, salamandres, grenouilles, etc., ou bien qu'il n'en ait pas, comme les serpens; qu'il appartienne à une grosse espèce ou à une petite; qu'on se le soit procuré frais, ou qu'il ait été conservé dans une liqueur quelconque, les opérations de préparation sont toujours les mêmes, ou du moins elles ne présentent que de légères nuances de différence.

Cependant, pour éviter de rendre notre démonstration confuse, nous allons traiter, dans un autre article à part, la préparation de chaque ordre de reptiles.

Manière de préparer les grenouilles, crapauds, etc.

Lorsqu'on veut monter un individu appartenant à l'un de ces genres, on le fend longitudinalement sous le ventre ; et, dégageant la peau de côté et d'autre, et surtout vers le dos, on fait sortir la partie supérieure des cuisses, et on sépare le fémur du tibia. L'abdomen se trouvant dépouillé, on refoule la peau vers la partie supérieure du tronc, et on coupe chaque humérus à son articulation avec l'omoplate ; on sépare ensuite la tête du tronc.

On nettoie les membres inférieurs ; on en fait autant aux humérus et aux os radius et cubitus des membres supérieurs. On dépouille la tête jusqu'au bout du museau, sans cependant en détacher entièrement la peau ; on arrache les yeux, on enlève tous les muscles qui recouvrent les os maxilaires, et on met du préservatif sur les os de la tête. On remplace les yeux par du coton haché ; on garnit le museau et les mâchoires avec de l'étoupe; et, après avoir mis de nouveau du préservatif sur la peau de la tête, on refoule doucement le crâne de bas en haut, tandis qu'on tire la peau en sens inverse, et de cette manière la tête se trouve retournée ; alors, à l'aide d'un pinceau, on étend du préservatif sur toutes les parties de la peau. On retourne les pates de devant et celles de derrière; et, lorsqu'on les a remises dans leur position naturelle, on s'occupe de bourrer l'animal. On se sert pour cela d'étoupe hachée, qu'on introduit dans la peau avec une bruxelle. Lorsqu'on est parvenu à rétablir à peu près les formes naturelles, on coupe cinq fils de fer d'une grosseur proportionnée au volume du reptile et d'une longueur suffisante.

Deux de ces fils de fer servent pour les pates de devant ; les deux autres sont destinés à celles de derrière. On les passe dans les pates ; avec de l'étoupe, on fait les jambes factices; et, après les avoir enduites de préservatif, on les fait rentrer dans la peau (voyez préparation des mammifères, pag. 41). On prend le cinquième fil de fer, et on pratique un anneau à une de ses extrémités ; on introduit son autre extrémité dans le cou, et on fait sortir la pointe à travers le sommet de la tête. On réunit les fils de fer des jambes, et on les fait passer dans l'anneau de la traverse du milieu. On engage également dans cet anneau les bouts des fils de fer des bras; et, à l'aide d'une pince, on assujétit ce squelette artificiel en tordant le tout ensemble. On écarte les jambes ou on les rapproche du centre du corps, selon que le cas l'exige; on achève de bourrer et on coud la peau. (*Voyez* pl. 3, fig. 3.)

Lorsque l'animal est cousu, il faut lui donner une attitude et une position conformes à ses mœurs et au genre auquel il appartient; mais, avant de donner entièrement cette attitude, on prend une planche, dans laquelle on a pratiqué quatre trous; on fait passer les fils de fer des pates dans ces trous, et on recourbe leur extrémité sous la planche, afin qu'ils ne puissent se déranger; on donne ensuite la pose convenable. On ouvre la bouche du reptile, et on la bourre légèrement avec du coton. Au moyen de petites épingles, on la tient fermée : on entr'ouvre les paupières avec une bruxelle, on y met un peu de gomme, et on place les yeux artificiels. On laisse sécher l'animal, et ensuite on passe sur toute la peau une couche de vernis à l'esprit de vin.

Lorsqu'un reptile a subi toutes les opérations dont nous venons de parler, on peut le placer dans une collection.

Préparation des tortues.

Le corps des tortues, revêtu sur le dos d'une enveloppe osseuse ou cartilagineuse, appelée *carapace*, est recouvert sur le ventre par une substance osseuse qu'on désigne sous le nom de *plastron*. Uni intimément à la carapace avec les bords de laquelle il s'articule, le plastron ne peut être enlevé que très-difficilement. Le meilleur procédé qu'on puisse employer, quand on veut préparer une tortue, c'est de donner un trait de scie de chaque côté du plastron; alors on le détache avec la plus grande facilité.

Lorsqu'il est enlevé, les intestins paraissent à découvert; on les enlève, ainsi que les viscères de la poitrine. On dépouille les jambes de derrière, et on arrache la queue de son fourreau; on dépouille ensuite les jambes de devant, ainsi que le cou et la tête. On vide le crâne, et on retourne la tête après l'avoir préparée (comme on l'a vu pour les quadrupèdes); on met du préservatif dans tout le corps et dans les membres. On bourre l'animal avec de l'étoupe, et on passe successivement les fils de fer des pates, de la queue et du cou; on les unit solidement ensemble, et on achève de bourrer. On recouvre le tout avec le plastron qu'on unit à la carapace avec de la colle forte, ou mieux, avec plusieurs bouts de fil de fer qu'on fait passer dans des trous pratiqués sur les bords des deux écailles, et qu'on tord ensuite avec une pince.

On donne à la tête et aux jambes l'attitude qui leur est naturelle ; on place des yeux artificiels, et on laisse sécher l'animal.

Préparation des Lézards, Salamandres, crocodiles, etc.

Les lézards, caméléons, salamandres, crocodiles, se dépouillent au moyen d'une fente longitudinale qu'on fait sous le ventre, et qu'on prolonge jusqu'à l'extrémité de la queue. En dépouillant ces reptiles, il faut prendre bien des précautions, afin de ne pas déchirer la peau et faire tomber les écailles qui la recouvrent ; toutes les opérations de la préparation sont les mêmes que celles des quadrupèdes. (voyez pag. 32).

Lorsque l'animal est préparé, il faut lui donner une attitude propre à son caractère ; c'est là qu'on éprouve le plus de difficultés. En effet, l'attitude des reptiles dont on vient de parler varie à l'infini. Les caméléons vont chercher leur pâture sur les arbres ; les lézards, les salamandres rampent à terre ; les crocodiles, les caïmans habitent, tantôt le sein des eaux, tantôt la surface de la terre. Le dragon volant, à l'aide des membranes qui lui servent d'ailes, s'élance d'arbre en arbre pour y faire la guerre aux insectes ; chaque reptile, en un mot, a ses mœurs, ses habitudes, et ce n'est qu'en les observant avec attention qu'on réussit à donner à chacun l'attitude qu'il doit avoir.

Lorsque la pose est donnée, on place les yeux artificiels d'une couleur semblable à ceux du reptile.

Si l'individu qu'on vient de préparer a sur le dos une crête membraneuse (comme on le voit chez quelques espèces de lézards), on étend cette membrane, et on la tient pressée entre deux petites plaques de carton ou de liége ; on étend aussi les doigts des pates, soit qu'ils se trouvent réunis par une membrane ou qu'ils soient séparés les uns des autres.

Lorsque le reptile est sec, on le vernit à l'esprit de vin.

Préparation des Serpens.

La redoutable et nombreuse famille des serpens contient tant d'espèces qui sont encore inconnues, et d'ailleurs il est si difficile de distinguer celles qui sont dangereuses de celles qui ne le sont pas, que nous ne pouvons trop recommander à ceux qui veulent préparer ces reptiles, d'éviter, avec l'attention la plus scrupuleuse, de se blesser à leurs dents; car, chez presque tous les serpens venimeux, la cessation de la vie ne détruit pas entièrement l'énergie du poison, et plusieurs auteurs rapportent des faits qui prouvent que des blessures faites par les dents des serpens à sonnettes morts depuis plusieurs années, ont occasionné des accidens très-graves, et qui, souvent même, étaient suivis de la mort.

Lorsqu'on veut préparer un serpent récemment mort ou conservé dans l'esprit de vin, on l'étend sur une table, le ventre en haut et la tête en avant, puis appuyant de la main gauche sur le cou du reptile, afin de l'assujétir en position, de la main droite, on pratique, avec un scalpel, une incision longitudinale sur la peau du ventre. On donne à cette incision seulement assez d'étendue pour que le dépouillement s'exécute sans peine; ensuite, on dégage le corps de chaque côté, en appuyant vers le dos; arrivé à l'anus, on dépouille la queue; et, lorsque cette opération est terminée, on dépouille le cou et la tête, en laissant la peau adhérente au bout du museau.

On coupe la tête à son articulation avec la colonne vertébrale ; on enlève les parties charnues qui recouvrent les mâchoires et les os du crâne ; on arrache le cerveau et les yeux, et, après avoir mis du préservatif à l'extérieur et dans l'intérieur du crâne et des mâchoires, et avoir garni le tout avec de l'étoupe hachée, on met du coton haché dans les orbites, et on retourne la tête de la même manière que pour les autres reptiles. On introduit du préservatif dans le cou et sur toute la surface interne de la peau du corps, et on la retourne.

On coupe un fil de fer un peu plus long que le serpent, on l'introduit par le sommet du crâne, ou bien encore par l'ouverture de la gueule, et on fait parvenir son extrémité jusqu'au bout de la queue. Cela fait, on bourre successivement le cou, le corps et la queue avec de l'étoupe ou de la sciure de bois, on la coud en prenant bien garde de faire tomber les écailles qui recouvrent la peau.

On donne ensuite l'attitude. Lorsque le serpent a reçu, de la main du préparateur, les formes et la pose les plus conformes à son espèce et à ses habitudes, on lave avec soin les écailles. S'il a été conservé dans de l'esprit de vin, on le lave avec de l'esprit de vin. Si au contraire on l'a reçu peu de temps après sa mort on se contente de le laver avec de l'eau. On essuie les écailles, et on les lave avec de l'essence de térébenthine qui offre le double avantage de hâter la dessication et de rendre aux couleurs de l'animal leur éclat primitif. On garnit ensuite la gueule avec de l'étoupe; on ouvre les paupières et on place les yeux. Lorsque l'animal est sec, on passe sur toute sa peau, une couche de vernis à l'esprit de vin, et l'on peut après cela le mettre en collection.

Des reptiles en peau.

Lorsqu'on voyage dans les climats éloignés, on perdrait trop de temps à monter les reptiles et on ne pourrait les transporter d'un endroit à un autre, sans courir le risque de les mutiler. Il vaut mieux les préparer en peau.

Pour mettre un reptile en peau, quelque soient d'ailleurs son espèce et sa grosseur, on le dépouille, on le préserve et on le bourre comme on l'a vu plus haut. Seulement on s'abstient de lui passer les fils de fer aux pates etc., si c'est un lézard, ou un crocodile, caïman, etc. Si c'est un serpent, on ne lui met pas de traverse dans le corps. Voilà à quoi se réduisent toutes les opérations nécessaires pour mettre en peau toute espèce de reptiles.

Conservation des reptiles dans l'esprit de vin.

L'esprit de vin affaibli est le seul liquide dans lequel on peut conserver les reptiles, sans que ni les formes de leur corps, ni les couleurs variées qui ornent leur peau, éprouvent la moindre altération; cependant comme ce procédé serait trop dispendieux pour les grosses espèces, il vaut mieux les préparer en peau.

On n'emploiera donc de l'esprit de vin que pour les reptiles de moyenne taille, et pour les petites espèces. La liqueur dont on se sert, doit être de 16 à 18 degrés de l'aréomètre de Baumé; plus forte elle détruirait entièrement la couleur des animaux. Avant de mettre un reptile dans la liqueur, on enlève avec une brosse douce, les ordures qui pourraient le souiller; ensuite on le plonge dans le vase qui contient l'esprit de vin; on l'y laisse cinq ou six jours, jusqu'à ce qu'il ait dégorgé. Au bout de ce temps, on renouvelle la liqueur, et après l'avoir enveloppé dans un petit sac de toile très-claire, on le remet de nouveau dans l'esprit de vin, et on l'y tient renfermé jusqu'à ce que l'on soit de retour du voyage qu'on fait.

M. Péron, auquel l'histoire naturelle doit

tant de reconnaissance pour les précieuses découvertes qu'il a faites, conseille dans un de ses mémoires, de se servir de bocaux de verre, parce que, dit-il, il s'échappe toujours une portion de la liqueur par les pores du bois. Il conseille aussi de se servir de bocaux carrés parce qu'ils s'arrangent mieux dans les caisses. Assurément ce procédé est préférable lorsqu'on fait un voyage de cinq ou six mois ; mais lorsqu'on voyage soit en Afrique, ou en Amérique, où l'on trouve le plus grand nombre de reptiles, il est impossible de se procurer des bocaux en assez grande quantité. On obtient les mêmes résultats en employant des barils ordinaires. Chaque baril doit être fait en bois blanc de peur de colorer la liqueur ; il doit être entouré de plusieurs cercles de fer, et sa capacité sera d'environ vingt pintes.

Tout étant ainsi préparé, on remplit ce baril aux deux tiers, avec de l'eau-de-vie ou du taffia (si l'on n'a pas d'eau-de-vie) ; on retire chaque reptile du liquide dans lequel on l'a plongé en revenant de la chasse, et, après l'avoir enveloppé dans un sac de mousseline ou de toile claire, on le place dans le fond du baril. Il faut observer ici qu'on doit d'abord placer les plus gros, et continuer toujours par rang de taille. Lorsque le baril est rempli, on y ajoute le couvercle qu'on fixe solidement, et on le goudronne partout, afin d'empêcher la liqueur de s'échapper.

Lorsqu'on reçoit des reptiles conservés de la manière qu'on vient de voir, si on ne veut pas les *monter*, on choisit des bocaux ou flacons d'une grandeur proportionnée à celle de chaque individu. On remplit le flacon aux trois quarts avec de l'esprit de vin à dix huit degrés, et, après avoir ôté l'animal du sac dans lequel il était renfermé dans le baril, on le brosse légèrement, pour lui enlever les mucosités dont il peut se trouver recouvert : on le place ensuite dans le flacon qui lui est destiné. L'animal étant placé, on bouche le flacon avec un bouchon de liége. Ce moyen est préférable au verre, parce que les couvercles de verre sont sujets à se briser par l'évaporation de l'esprit de vin.

Lorsqu'on agit sur des reptiles de très-petite espèce, il est bon d'adapter un petit crochet au milieu de la partie interne du bouchon, avec un bout de crin, on attache la tête de l'animal, et on le tient suspendu au bouchon, de manière que lorsque le couvercle est mis, il flotte dans le liquide, sans toucher le fond du vase.

Le flacon ou bocal étant bien bouché, on s'occupe de le lutter; le meilleur lut est celui de M. Péron; voici sa composition :

Résine ordinaire (brai sec des marins.)

Ocre rouge bien pulvérisé.

Cire jaune.

Huile de térébenthine.

On met plus ou moins de résine et d'ocre, ou d'huile de térébenthine et de cire, selon qu'on fait un lut plus ou moins cassant. Dès le premier essai, on pourra déterminer les proportions convenables.

On prend un vase d'une capacité au moins triple de la quantité de lut qu'on veut préparer. Ce vase doit être garni d'un manche, et d'un couvercle pour éteindre la flamme en cas d'accident.

On fait fondre d'abord la cire et la résine; on ajoute l'ocre par petites portions, et à chaque fois on remue fortement avec une spatule. Lorsque le mélange a bouilli pendant sept ou huit minutes, on verse l'huile de térébenthine, et on laisse continuer l'ébullition. Pour déterminer à son gré la qualité du lut, il suffit d'en mettre de temps en temps sur une assiette froide, et l'on voit à l'instant quel est son degré de ténacité.

Quant à l'emploi de ce lithocolle, (c'est le nom que M. Péron lui a donné), après avoir ajusté sur les flacons les bouchons de liège et les avoir essuyés avec un linge sec pour enlever toute l'humidité, on fait chauffer ce ciment jusqu'à l'ébullition ; on remue bien le fond, on en prend avec un morceau de bois, au bout duquel est attaché un peu de linge, et avec ce pinceau grossier, on en applique une couche sur toute la surface du bouchon. Quelquefois la matière en pénétrant le liège, fait évaporer un peu l'esprit de vin qui vient crever à la surface ; cela forme de petites ouvertures qu'on bouche parfaitement en passant une seconde couche de lithocolle après que la première est froide.

Lorsque les flacons sont petits, on se contente de les renverser et d'en plonger le cou dans le vase ; en répétant deux ou trois fois cette immersion, la couche acquiert l'épaisseur qu'on desire.

Ce que nous venons de dire relativement au lut de M. Péron, nous l'avons extrait d'un mémoire ayant pour titre : *Instruction aux voyageurs sur la manière de recueillir les objets d'histoire naturelle*, rédigée par l'administration du Muséum.

On peut aussi sceller les bocaux avec du plâtre bien délayé.

MANIÈRE DE PRÉPARER LES POISSONS.

La préparation est la même pour toutes les

espèces, la manière de les dépouiller présente seule quelque différence.

Les poissons qui ont le corps rond et allongé tels que les marsouins, etc., se dépouillent à la manière des quadrupèdes, c'est-à-dire au moyen d'une incision qu'on fait sous le ventre.

Ceux au contraire qu'on nomme poissons plats, tels que le turbot, la plie, la sole, la raie, etc., se dépouillent par une incision longitudinale qu'on pratique dans toute la longueur de l'animal.

Supposons donc qu'on ait à préparer un poisson de la première classe, soit saumon, carpe, etc., qui vient d'être pêché : on commence par le laver à plusieurs eaux, afin de lui enlever le mucilage qui le recouvre; ensuite on pratique sous le ventre une incision longitudinale qu'on prolonge jusqu'à la naissance de la queue; en faisant cette incision il faut bien prendre garde de faire tomber les écailles. On écarte la peau des deux côtés; on coupe les nageoires à leur insertion avec le corps; on dégage entièrement la peau du dos, et, lorsqu'on a dépouillé la queue jusqu'à son extrémité, on la sépare du corps; on achève de dépouiller; une fois arrivé à la tête, on la coupe à son articulation avec la colonne vertébrale; on conserve les branchies (organes respiratoires du poisson); on vide la tête, et on enlève les yeux des orbites.

Cela fait, on revient à la peau; avec un scalpel, on la gratte sur toute la surface afin d'enlever le reste des chairs qui peuvent y être encore adhérentes; on met abondamment du préservatif partout, et on s'apprête à bourrer avec de l'étoupe hachée. Avant de procéder à cette opération, on coupe deux bouts de fil de fer d'une longueur égale à celle du poisson qu'on prépare : l'un de ces fils de fer est destiné à traverser la partie supérieure du corps et de la tête, l'autre doit servir de soutien au reste du corps et à la queue.

Le premier de ces fils de fer doit être recourbé vers son tiers inférieur, de manière qu'il reste un excédent de longueur, suffisant pour fixer le poisson sur son support; le second au contraire sera recourbé de la même manière, mais à son tiers supérieur; on adaptera un bout de fil de fer à son extrémité inférieure, afin de faire une espèce de fourche, pour maintenir la queue étalée.

Tout étant préparé de la sorte, on commence par introduire la fourche dans la queue. On introduit ensuite la partie supérieure du fil de fer dans le corps, et on la fait sortir par la bouche. Ces deux fils de fer doivent être placés dans une position telle que les angles qui résultent de leur courbure, se trouvent en dedans du corps, tandis que l'éxcédent de longueur se trouve en dehors de l'ouverture de la peau. Les deux bouts étant unis ensemble, doivent sortir de la peau par l'incision qu'on y a faite, et se trouver à la partie moyenne du corps du poisson : alors on réunit les deux extrémités, et, avec une pince, on les tord l'un sur l'autre. Cela fait, on bourre le poisson avec de l'étoupe. Lorsqu'on a réussi à lui rendre à peu près ses formes naturelles, on le coud comme les autres animaux ; mais il faut prendre de grandes précautions pour ne pas déchirer la peau, et faire tomber les écailles du ventre.

Cela fait, on lave avec de l'eau les écailles qui ont pu se trouver souillées durant la préparation, ensuite on les essuie avec un linge fin, afin de leur enlever toute leur humidité. On essuie aussi les branchies, et on place le poisson sur une planche de liége, où on lui donne une attitude convenable. On place à plusieurs reprises de l'huile de térébenthine en abondance sur tout le corps, et spécialement sur les branchies. Il ne faut pas être économe d'essence, car c'est le dessiccatif le plus puissant qu'on puisse employer ; et d'ailleurs elle présente en outre l'avantage de conserver les couleurs des parties sur lesquelles on l'applique.

Lorsque le poisson en a été fortement imprégné, et qu'il a reçu l'attitude qui lui était destinée, on étend les nageoires, et les plaçant entre deux petites plaques de liége, on les maintient en position avec des épingles. On sépare aussi les branchies avec des plaques de liége, et on les assujétit comme les nageoires. On prend un morceau de bois ou de carton très-fort, et on l'introduit dans la bouche, afin de la tenir ouverte de manière à ce qu'on puisse voir tous les caractères de son ouverture. On met un peu de gomme dans les orbites, et on place des yeux d'émail. (*Voy.* pl. 5, fig. 2.)

Dans cet état de préparation, le poisson doit être placé dans un lieu bien aéré, afin qu'il sèche promptement. Il ne faut pas négliger de mettre chaque jour une couche d'essence sur toutes les parties, jusqu'à ce que l'animal soit parfaitement sec.

Lorsqu'on s'aperçoit que la dessiccation est achevée, on enlève les plaques de liége des nageoires, des branchies et de la queue, et on passe sur tout l'animal une couche de vernis à l'esprit de vin. Si les branchies avaient perdu une partie de leur couleur, on détrempe un peu de minium avec de la gomme, et on les colore; ensuite on fixe le fil de fer sur un socle de bois, et on place l'animal en collection.

Quant aux poissons vulgairement nommés *poissons plats*, on les prépare en faisant une incision longitudinale sous le ventre, sur le milieu même de la colonne vertébrale; on les dépouille en écartant les deux lèvres de l'incision; on les bourre, et pour toutes les autres opérations de la préparation, on se conforme entièrement à la marche que nous venons d'indiquer en parlant des poissons d'une forme différente.

Les anguilles, les congres, etc., se préparent comme les serpens.

Conservation des poissons dans l'esprit de vin.

Les moyens de conserver les poissons dans l'esprit de vin sont les mêmes que ceux qu'on a décrits pour les reptiles : c'est pourquoi il est inutile d'y revenir; et nous allons nous borner à quelques observations qui ne nous paraissent pas inutiles.

Ou le poisson qu'on veut conserver a été pris dans la mer, ou il a été pêché dans un lac, un étang, une rivière, un fleuve, etc.

Dans le premier cas, avant de le mettre dans

la liqueur, il faut le laver à plusieurs reprises dans de l'eau douce, et le brosser légèrement, afin de le priver des mucosités dont ses écailles sont recouvertes : cette précaution est de la plus haute importance, car s'il restait imprégné de quelques parties salines, il ne pourrait se conserver.

Dans le second cas, on agit de la même manière. Il faut aussi nettoyer avec soin les branchies du sang qui peut les souiller, et arracher les intestins par l'ouverture qui se trouve sous les branchies.

Lorsque l'animal est parfaitement nettoyé, on l'essuie avec un linge fin pour le priver, le plus qu'il est possible, de son humidité, et on le plonge dans le bocal qui lui est destiné. On bouche les bocaux, et on les lutte comme on l'a vu à l'article de la conservation des reptiles.

PRÉPARATION DES INSECTES.

Nous avons dit, à l'article de la chasse aux insectes, que tous ceux qui n'ont pas les ailes renfermées dans une espèce d'étui, doivent être piqués immédiatement sur le milieu du corselet ; que les coléoptères, au contraire, seront piqués sur l'élytre droite. (*Voy.* pl. 2, fig. 4.)

Les insectes traités de l'une ou l'autre de ces deux manières, sont, au retour de la chasse, piqués sur une planche de liége, jusqu'à ce qu'ils soient morts.

Alors, avec une petite pince, on étend les pates, et on les maintient au moyen de petites épingles. Quant aux coléoptères qu'on a fait périr dans l'esprit de vin, on les retire le plus promptement de cette liqueur, de crainte que leurs couleurs n'en soient altérées. On les pique sur l'élytre droite, et on les étend comme on vient de voir. Une fois secs, on les place dans des cartons garnis de liége, et fermés par une feuille de verre. On doit aussi leur mettre sous le ventre un peu d'essence de serpolet, afin de les préserver des insectes rongeurs.

Certains insectes, surtout dans la famille des scarabés, des priones, etc., ont le corps d'une telle grosseur, qu'ils ne pourraient se conserver par les moyens ordinaires. Dans ce cas, on détache le corselet de l'abdomen; on vide ce dernier, et, après y avoir introduit du préservatif et un peu de coton pour remplacer les parties qu'on vient d'enlever, on le rajuste au corselet au moyen d'un peu de gomme.

Pour préparer les papillons, au retour de la chasse, on prend une planche de liége dans laquelle on a pratiqué plusieurs rainures. On pique le papillon sur le corselet, et on le fixe au milieu de la rainure, de manière que le corps y entre jusqu'à la naissance des ailes. Alors, avec des épingles très-fines, on place les ailes dans leur position naturelle; il faut avoir soin de les relever et d'étendre les pates, afin de donner plus de grâce au papillon; ensuite on pose sur les ailes un morceau de papier ou de carton qu'on attache au liége avec des épingles. Au bout de deux ou trois jours on ôte les cartes et les épingles, on enlève le papillon et on le place dans le carton qui lui est destiné. (*Voy.* pl. 2, fig. 5.)

Lorsqu'on possède plusieurs individus de la même espèce, on pique l'un en dessus et l'autre en dessous, afin de faire voir la face inférieure et la face supérieure des ailes.

Quelquefois on reçoit des papillons qui n'ont subi d'autre préparation que d'avoir été piqués, sans qu'on ait pris la peine de donner la moindre position aux ailes et aux pates. Dans cet état, il serait impossible de leur donner les formes qui conviennent, si on ne les ramollissait pas auparavant. Pour y parvenir, on prend une assiette d'une capacité moyenne; on y verse de l'eau, on met au milieu de l'eau une poignée d'étoupe mouillée, et on place le papillon dessus, de manière à ce que ses ailes ne touchent pas à l'étoupe, on recouvre ensuite le tout avec une cloche de verre; au bout de vingt-quatre heures le papillon est complètement ramolli; on l'étend sur la planche de liége, et on l'arrange comme on vient de voir. On conserve les papillons dans des boîtes ou des cartons garnis de liége, et fermés le plus hermétiquement possible.

Préparation des chenilles.

On ne connaît d'autre moyen de préparer les chenilles que de les vider et de les souffler. Voici comment s'exécute cette opération. On prend un vase de tôle fait en forme d'entonnoir; on place ce vase dans de la cendre bien chaude, de manière à ce que le sommet de cette espèce de cône se trouve en bas, et son ouverture en haut. Lorsqu'il est suffisamment échauffé, on prend la chenille qu'on veut préparer; et après avoir pratiqué une petite ouverture à l'extrémité inférieure de l'abdomen, on presse le corps dans toute sa longueur, et on fait aisément sortir tous les viscères et les intestins. Lorsque la chenille est vidée, on introduit dans l'ouverture qu'on a faite le bout d'un tube de verre ou d'un chalumeau, de très-petit diamètre. On maintient le tube dans la peau, en faisant un nœud avec un fil; ensuite on souffle par l'autre ouverture du tube jusqu'à ce que la peau soit remplie d'air, en même temps on introduit la chenille dans l'intérieur du vase de tôle, et on l'y tient plongée en roulant le tube entre les doigts, et en continuant de souffler : la chaleur dégagée par les bords du vase enlève bientôt toute l'humidité de la peau. Lorsqu'on s'aperçoit que la chenille est assez desséchée pour que la peau conserve la forme qu'on lui a donnée en la soufflant, on retire le tube du corps, et la chenille est préparée ; on la place dans une boîte ou un carton, et au moyen d'un peu de gomme, on la colle sur un morceau de liége.

PRÉPARATION DES CRUSTACÉS.

Pour préparer les crabes, homards, et tous les crustacés qui présentent un certain volume, on commence par enlever la carapace, on la nettoie et on coupe les branchies et les intestins. On enlève également toutes les chairs, et, après avoir mis du préservatif partout, et avoir garni le corps avec un peu de coton, on replace la carapace, et on la maintient en position avec un peu de gomme.

Dans la plupart des espèces, les pinces ou serres qui terminent les pates antérieures, sont souvent très-grosses. Dans ce cas on enlève la plus petite pièce de la pince, et par le trou qu'elle a laissé, on extrait toutes les parties charnues renfermées dans la grosse portion de cette pince ; ensuite on remet la petite pièce à sa place.

On emballe ordinairement les gros crustacés dans des caisses de moyenne grandeur, et on les entasse entre des couches de coton ou de filasse, afin qu'ils ne puissent ballotter dans le transport.

Les moyens crustacés n'ont pas besoin d'être vidés ; mais il faut les laver d'abord avec de l'eau douce, ensuite les tenir pendant deux heures dans de l'eau de chaux, après quoi on les fait sécher, et on les emballe après les avoir enveloppés de papier, afin qu'aucune pate ne se perde, si elle venait à se détacher.

Quant à ceux qui sont d'une petite dimension, il suffit de les laisser quelque temps dans de l'eau de chaux et les laisser sécher ; on les pique ensuite avec une forte épingle vers la partie postérieure de la carapace. On peut aussi en conserver quelques-uns dans l'esprit de vin, en se conformant à ce que nous avons dit pour les reptiles et les poissons.

CONSERVATION DES MOLLUSQUES ET COQUILLES.

Parmi les mollusques, les uns sont renfermés dans une coquille, les autres ont le corps nu.

Dans le premier cas se trouvent toutes les coquilles proprement dites, soit marines, fluviatiles ou terrestres. Dans le second se trouvent compris un nombre infini de mollusques qui habitent les eaux de la mer; les limaces, les vers en font aussi partie.

Tous les mollusques marins ou terrestres, dont le corps n'est pas recouvert d'une coquille, doivent être lavés d'abord dans de l'eau douce, et lorsqu'on les a privés du mucilage qui les recouvre, on les conserve dans l'esprit de vin.

Les coquilles marines ou fluviatiles, ou terrestres, exigent une préparation différente des autres mollusques. Pour les conserver, il faut d'abord faire sortir l'animal qu'elles contiennent. Rien n'est plus facile que cette opération. Il suffit pour cela de les tenir plongées quelques instans dans de l'esprit de vin; ensuite, avec une épingle, on enlève le corps de l'animal. Si on veut conserver les corps pour l'étude, on les lave, et après y avoir attaché une petite planche portant un numéro, on les renferme dans un flacon rempli d'esprit de vin.

La préparation des coquilles terrestres se réduit à fort peu de chose. Lorsqu'on les a vidées, on les frotte légèrement avec une brosse imprégnée d'eau douce. Cette opération donne plus d'éclat à leurs couleurs.

Les coquilles marines sont préparées de la même manière ; mais quelquefois on les dépouille. Le dépouillement consiste à leur enlever une substance vulgairement appelée *drap marin*, dont elles sont recouvertes.

Lorsqu'on veut dépouiller une coquille, on l'enduit extérieurement d'acide nitrique affaibli ou d'eau seconde. On se sert pour cela d'une brosse ou d'un pinceau de crin. Au bout de quelques secondes, on plonge la coquille dans un vase plein d'eau douce, ensuite on la brosse. Alors les aspérités se découvrent. On met une nouvelle quantité d'acide nitrique sur les endroits qui paraissent ne pas appartenir à la coquille, et on continue de brosser. Lorsque tous les corps étrangers ont disparu de sa surface, on lui donne le lustre, en la frottant fortement avec de la pierre-ponce en poudre, humectée d'un peu d'eau. Pour terminer, on la frotte de nouveau avec une brosse plus douce et du tripoli réduit en poudre extrêmement fine ; après quoi on la met, sans autre préparation, dans la collection.

FIN.

EXPLICATION DES PLANCHES.

PLANCHE I.re

Fig. Ire. Bruxelle servant à préparer, bourrer, et lisser les plumes.

Fig. 2. Carcasse artificielle des gros oiseaux.

Fig. 3. Manière d'attacher les os des ailes des gros oiseaux.

Fig. 4. Manière dont la carcasse artificielle doit se trouver placée dans l'oiseau.

Fig. 5. Pinces à pansement, servant à débourrer et rebourrer les cous.

Fig. 6. Serpent avec l'ouverture qui doit être pratiquée pour l'écorcher.

PLANCHE II.

Fig. 1re. Un scalpel.

Fig. 2. Carcasse artificielle des gros quadrupèdes.

Fig. 3. Manière dont la carcasse doit se trouver placée dans le corps d'un petit quadrupède.

Fig. 4. Manière de piquer et d'étendre les coléoptères.

Fig. 5. Papillon étendu sur un liége et maintenu par des bandes de cartes lisses.

PLANCHE III.

Fig. 1re. Quadrupède en position.

Fig 2. Poisson ayant encore ses plaques de liége aux nageoires et à la queue.

Fig. 3. Grenouille avec sa carcasse artificielle.

Fig. 4. Bâton destiné à bourrer les gros quadrupèdes.

Fig. 5. Gros fil de fer destiné à bourrer les endroits étroits de la peau.

Fig. 6 et 7. Aiguilles pour traverser le corps des quadrupèdes et leur donner les formes.

PLANCHE IV.

Fig. 1.re et 2e. Oiseaux sur leurs supports, avec leurs bandelettes.

TABLE DES MATIÈRES.

Fin de la Table.

pl. 1re

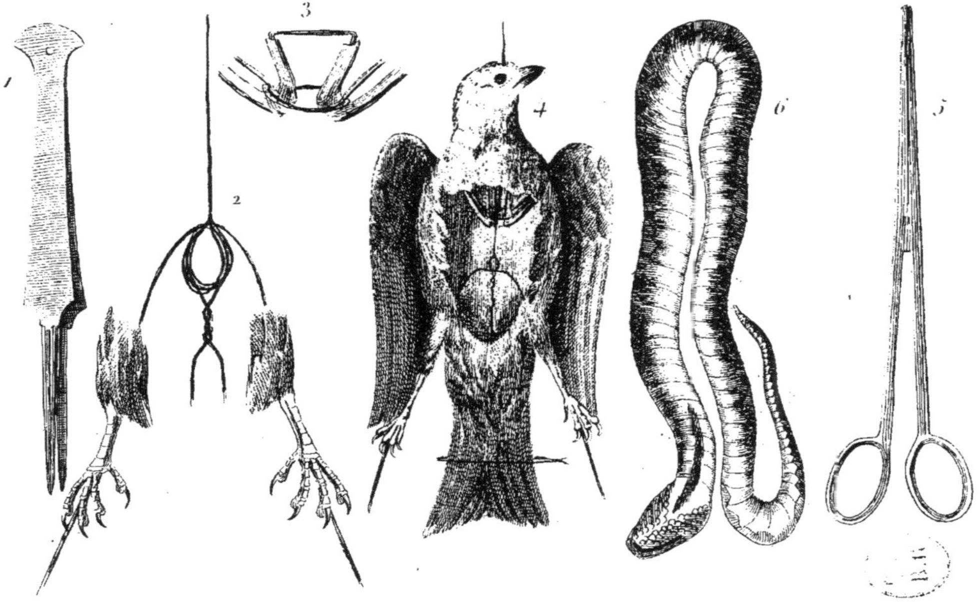

fig. 1

2

3

4

6

5

pl. 2e

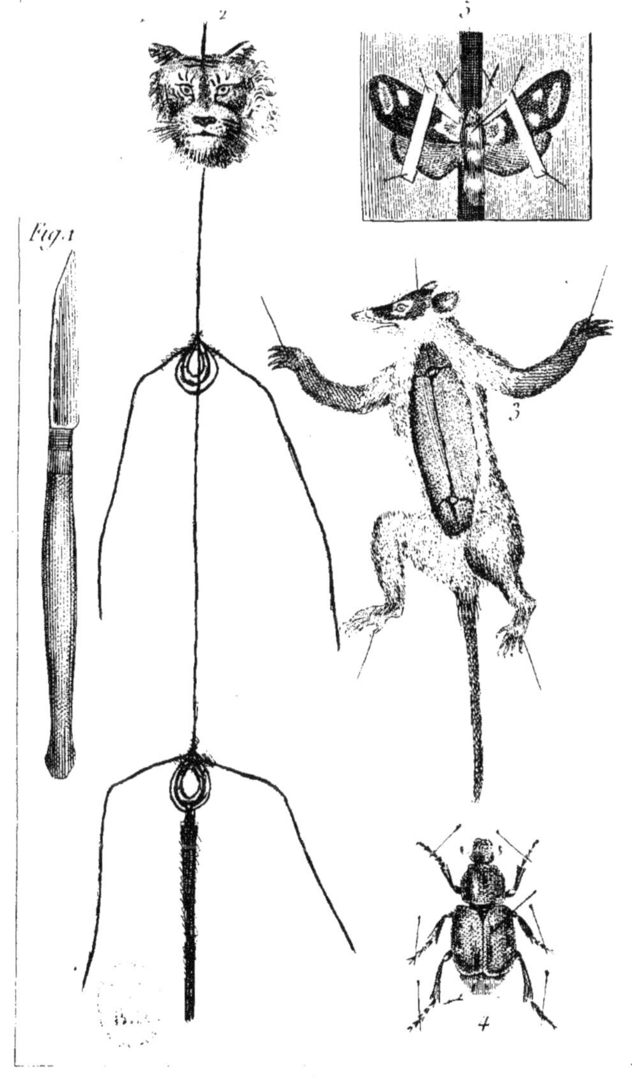

pl.3e

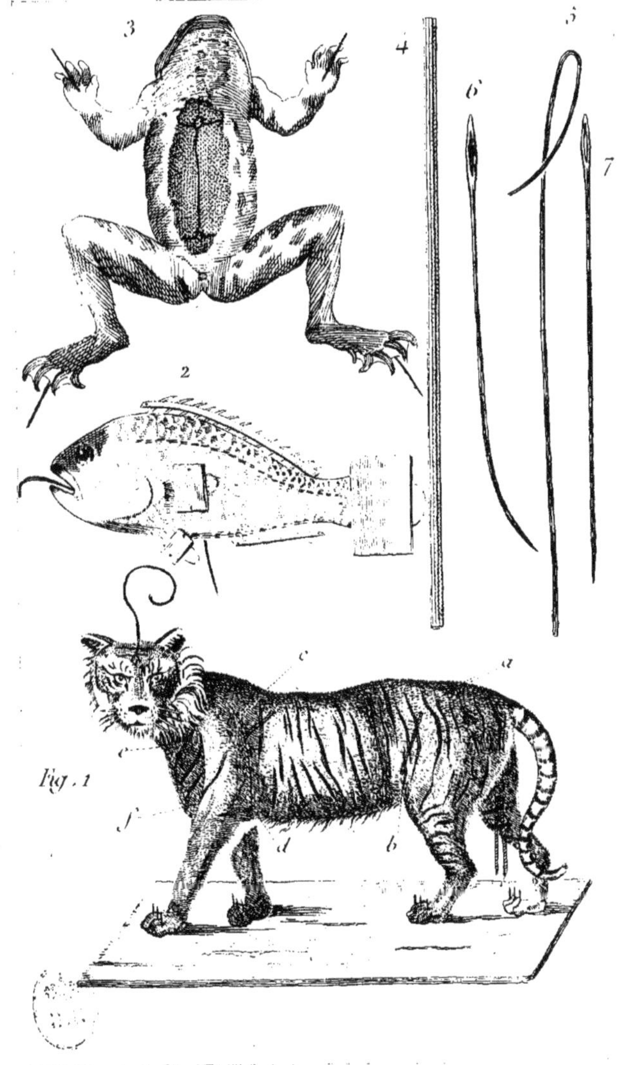

pl. 4e

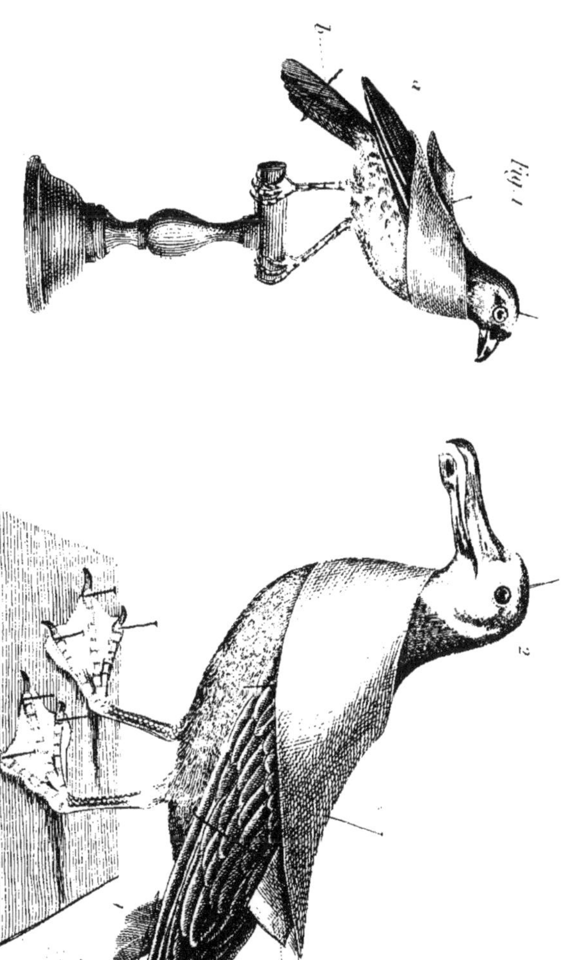

www.ingramcontent.com/pod-product-compliance
Ingram Content Group UK Ltd.
Pitfield, Milton Keynes, MK11 3LW, UK
UKHW021100260726
13994UKWH00002B/625